全素茶點の幸福配方

既簡單又健康的茶食點心，為午茶時光帶來世界各國的美味饗宴！

吳仕文、楊健生、游正福 / 著

72 款幸福送禮配方　無蛋奶 × 無五辛 × 減油 × 減鹽糖

Preface 作者序

近來國人的「健康」和「環保」意識抬頭，愈來愈多民眾因 SDGs 永續發展、宗教信仰、健康、環保等因素，開始探索蔬食世界。全素烘焙近幾年逐漸受到關注和發展，隨著越來越多的人選擇蔬食或者減少動物產品的消耗，蔬食烘焙逐漸成為一個熱門的選擇。2023 年全台爆發 10 年以來最大缺蛋危機，替代性食材亦是全素烘焙未來發展趨勢，如何將傳統蛋糕轉變成無蛋奶蛋糕呢？這些替代性食材不僅可以達到相似的口感及風味，更能兼顧健康及養生概念呢？勢必成為烘焙產業未來發展趨勢。

從事烘焙教學工作已邁入第 19 年，3 年前因緣際會出版「就素愛烘焙」食譜專書，經過這幾年專研全素烘焙及累積教學量能後，因應推動教育部 USR 計畫，與宜蘭茶產業結合共同出版本書籍，希望讓讀者能瞭解更多減糖減油的全素烘焙操作技巧，再加上坊間相關書籍尚付之闕如，因此期能藉由本書的創作及發想做為全素烘焙的敲門磚，讓更多人能發現全素烘焙的奧妙之處。

在此感謝教育部 USR 計畫的支持及佛光大學提供設備及場地進行拍攝、銘俞國際的贊助及作者群的共襄盛舉。全素、無蛋奶飲食並非單調無聊、只能吃單一食物。其實就算不能攝取雞蛋及牛奶，透過本書籍作者群的精心研發配方也可以變化出多樣美味的烘焙點心，相信能顛覆大家對全素烘焙的刻板印象。秉持健康、嚐味、流行及永續的精神，歡迎讀者一同來創作與分享全素烘焙的美好。

佛光大學蔬食系副教授　吳仕文

在台灣，已有約 14％的人口選擇素食，顯示出健康和環保理念的重要性。素食成為現代飲食的創新趨勢，全素烘焙則突顯了對健康和綠色環境的重視，並對食材純淨度和風味搭配提出更高要求。茶作為健康養生的一部分，與全素烘焙的概念緊密結合，催生了這本以茶為主題的全素烘焙書籍。

感謝教育部計畫的支持，佛光大學提供的設備和場地，銘俞國際的贊助，所有作者的共同參與，以及老師給予寶貴的機會，以第二作者參與本書，絕對是一次學術與實務結合的重要契機。在製作過程中，團隊努力將科學理論與烘焙實務相結合，創造出符合現代口味且富有文化內涵的點心。

全素、無蛋奶飲食絕不單調，本書精心研發各種配方，即使不用雞蛋和牛奶，依然能創造出千變萬化的點心。希望這本書能顛覆大家對全素烘焙的刻板印象。秉持健康、美味、時尚及可持續發展的理念，誠邀讀者一同體驗全素烘焙的樂趣與驚喜，共同創造令人難忘的美味。作為年輕學者，深知自身仍有不足，我將以謙遜的態度，不斷提升和充實專業能力，期望在未來為全素烘焙領域貢獻更多創新與價值。

佛光大學樂活學院研究生 楊健生

茶葉也是蔬菜植物的一種，可生吃，也可以加工過後食用飲用，但因為全世界各地風土價值不同，茶葉在全世界不同區塊的狀態也不同。茶葉在台灣主要運用於泡茶為主，早期少用於食品加工，茶葉是天然色素外，茶風味變化添加，不同產品上風味加強是一大特性，台灣茶在加工技術上研究在全世界知名，透過加工技術及尋獵台茶介質轉換技術，協助食品加工上的風味加持 & 風味平衡。

本書透過尋獵台茶系統技術與很多加工業者合作之經驗，轉化茶葉不同可能性，將茶葉系統化把顏色、口感、滋味、風味、茶葉樣態、萃取方式、加工方式，用最簡單的方式讓加工業者初步認識，容易了解運用時機，讓加工業者研發產品加分，增添風味特色與市場差異性加工品，創造出新台灣風味。

正福茶園第四代負責人 游正福

目錄 Content

- **002** 作者序
- **006** 工具
- **008** 材料
- **010** 茶的烘焙與萃取
- **012** 茶葉加工製程簡介
- **015** 茶葉樣態介紹與保存

PART1・宴會篇

- **022** 01・青檸翡翠塔
- **024** 02・伯爵巧克力塔
- **026** 03・抹茶水果塔
- **028** 04・烏龍茶堅果塔
- **032** 05・阿薩姆瑪德蓮
- **034** 06・鐵觀音可麗露
- **036** 07・紅茶杏仁費南雪
- **038** 08・玄米茶柚子司康
- **040** 09・伯爵達克瓦茲
- **044** 10・紫薯綠茶餅
- **046** 11・紅烏龍焦糖布丁
- **048** 12・抹茶紅豆羊羹
- **049** 13・水果茶凍
- **050** 14・雙色茶西餅
- **052** 15・烏龍茶核桃餅乾
- **054** 16・肉桂茶香捲
- **056** 17・伯爵茶巧克力旦糕

PART2・中式篇

- **060** 18・鐵觀音幸運酥
- **064** 19・清烏龍茶糕
- **065** 20・紅烏龍茶香鳳梨酥
- **066** 21・四季春雪花糕
- **067** 22・焙茶綠豆糕
- **068** 23・茶香馬來糕
- **070** 24・焙茶芝麻方塊酥
- **072** 25・玄米茶香核桃酥
- **074** 26・伯爵花生造型酥
- **076** 27・茶韻一口酥
- **078** 28・黃烏龍茶韻月餅
- **080** 29・紅茶乃酪
- **081** 30・鴛鴦金棗茶糕
- **082** 31・五仁茶香月餅
- **084** 32・綠茶椰香九層粿
- **086** 33・綠茶金棗沙琪瑪
- **088** 34・冰心紅茶涼糕
- **090** 35・茶香米菓
- **091** 36・茶旺米發糕

PART3・西式篇

094	37・咕咕霍夫	114	46・綜合果乾黃烏龍磅旦糕
098	38・抹茶布朗尼	116	47・綠茶栗子旦糕盒
100	39・伯爵盆栽提拉米蘇	120	48・玄米茶曲奇餅乾
104	40・阿薩姆鑽石餅乾	122	49・黃烏龍茶香小福餅
105	41・伯爵茶生巧克力	124	50・胡椒茶香鹹餅
106	42・柚香清烏龍杯子旦糕	126	51・紅茶雪Q餅
108	43・四季春香瑪芬	128	52・鄉村紅茶餐包
110	44・紅玉巴斯克旦糕	130	53・紅茶半月燒
112	45・香蕉紅茶旦糕	132	54・烏龍茶葡萄貝果

PART4・異國篇

138	55・日式抹茶糰子	154	64・西班牙紅烏龍乳酪旦糕
140	56・日式抹茶紅豆銅鑼燒	156	65・西班牙焙茶油條
141	57・美式阿薩姆軟餅乾	158	66・清烏龍麻花捲
142	58・波蘭阿薩姆巧克巴布卡	160	67・茶香蕨餅
144	59・義大利鐵觀音堅果脆餅	162	68・比利時四季春鬆餅
146	60・法式烤布蕾	164	69・澳門杏仁茶餅
148	61・法式紅茶千層旦糕	166	70・德國結伯爵茶餅乾
150	62・焦糖紅茶旦糕	168	71・太妃糖椰香堅果糖
152	63・斑斕茶香雞旦糕	170	72・抹茶芒果大福

工具

『工欲善其事，必先利其器。
居是邦也，事其大夫之賢者，友其士之仁者。』

當你一腳踩進烘焙的世界，才發現這裡竟如汪洋一般廣闊無邊。想往正確的航道前去，除了知識要充備，用來航行的船隻也得先修整好。磨刀不誤砍柴工，有了正確的知識與合適的工具，在往成就美好的路上得著力量！

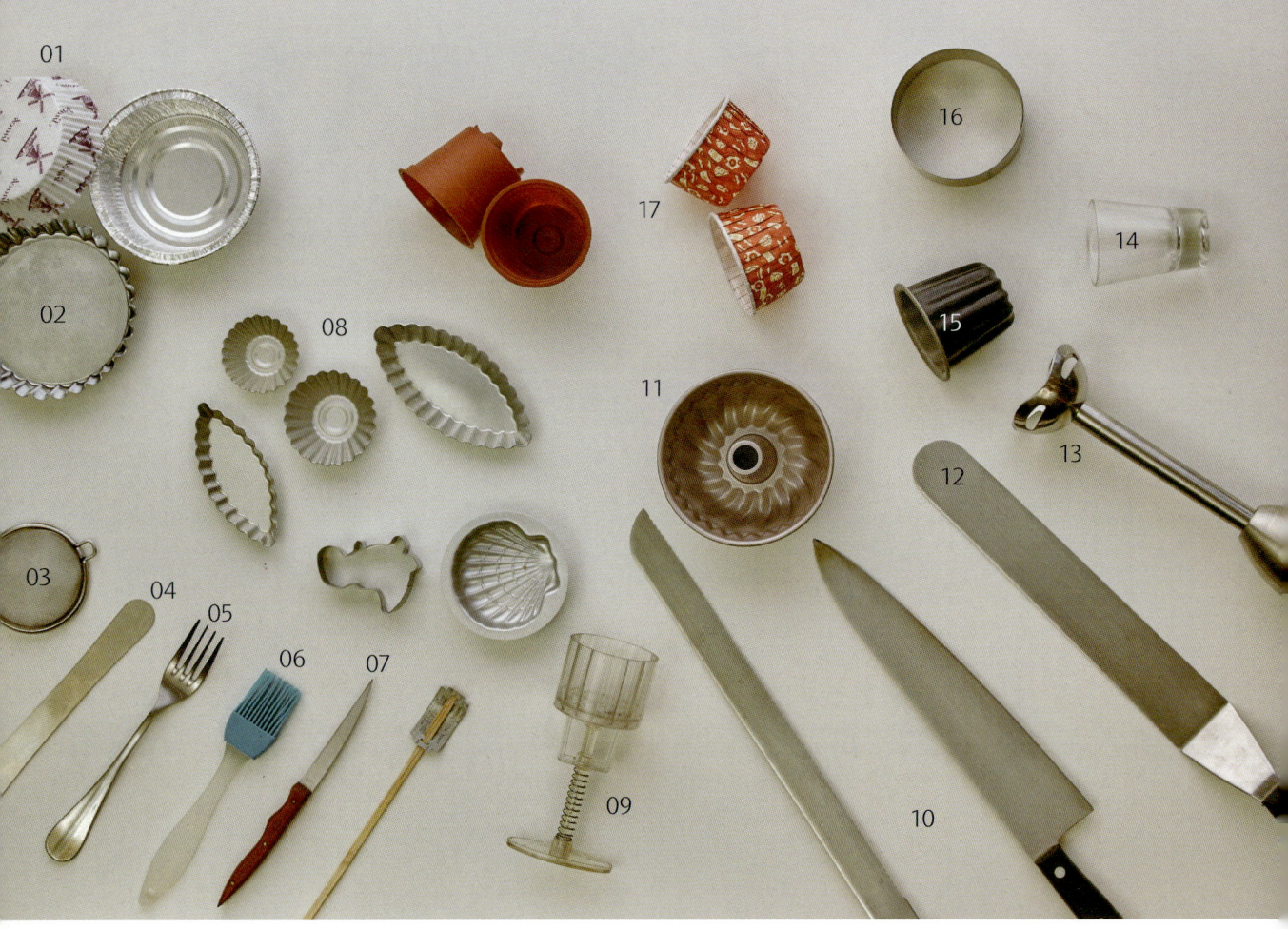

01. 紙盒	07. 麵包小刀	13. 均質機攪拌器
02. 大塔模	08. 各式塔模	14. 玻璃杯（乃酪用）
03. 篩網	09. 糕餅壓模	15. 可麗露模
04. 包餡尺	10. 麵包刀	16. 圓切模
05. 叉子	11. 咕咕霍夫模具	17. 蛋糕杯
06. 刷子	12. 蛋糕抹刀	

006

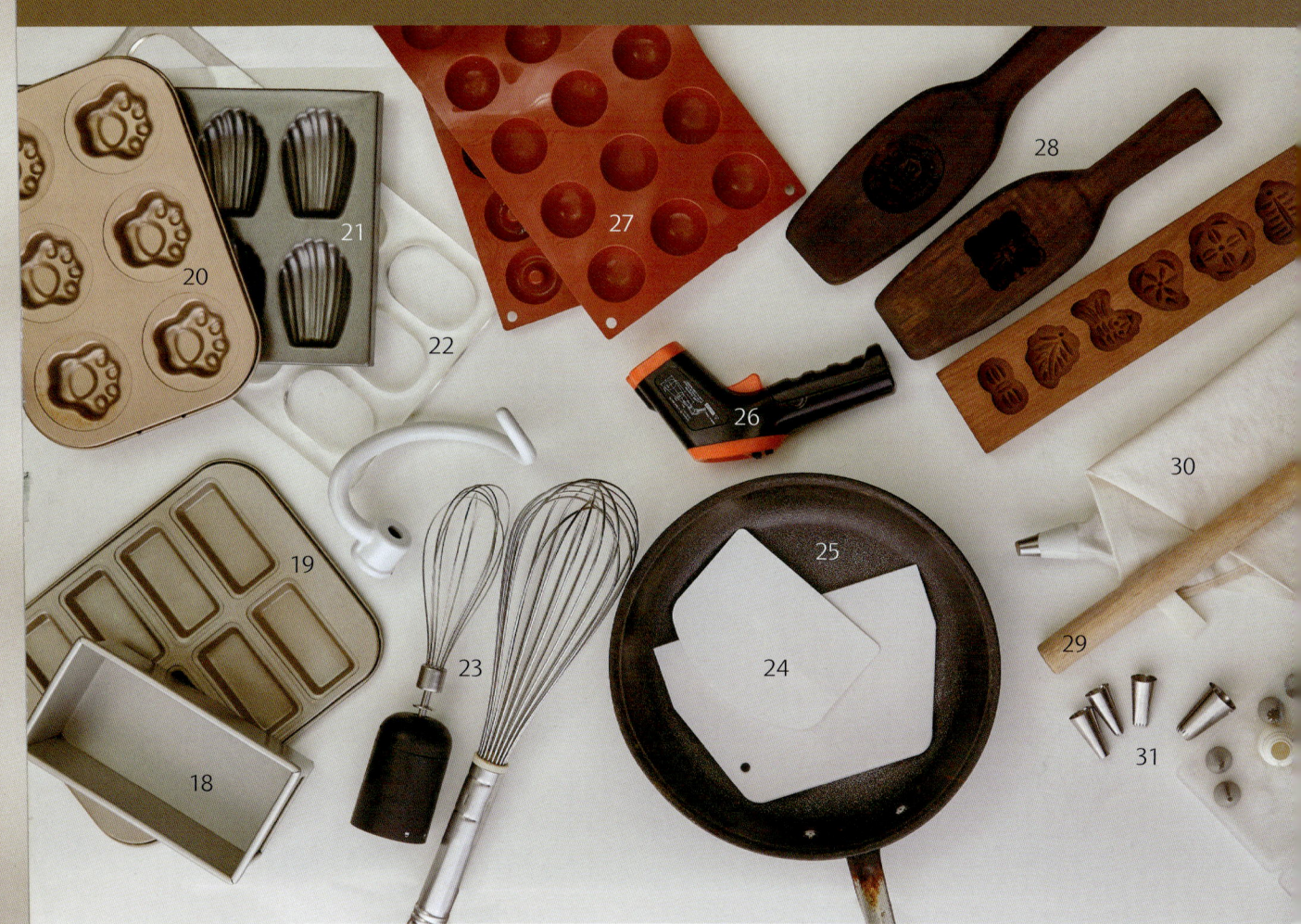

18. 巧克力旦糕模
19. 費南雪模
20. 糕餅模
21. 瑪德蓮模具
22. 達克瓦茲模
23. 勾狀攪具、打蛋器
24. 硬、軟刮板
25. 平底鍋
26. 紅外線溫度計
27. 矽膠烤模
28. 古早味糕餅壓模
29. 擀麵棍
30. 擠花袋
31. 各式花嘴

(2) 低發酵的清香烏龍茶(包種茶與高山烏龍茶),經日光萎凋後,進行低度發酵,其發酵程度約為8-25%,發酵度低,茶湯水色較淺,氣味清香。

(3) 凍頂烏龍茶發酵程度約 25-40%。

(4) 鐵觀音茶發酵程度約 40-50%。

(5) 東方美人茶發酵的程度則有 50-60%。

日光萎凋

(6) 部分發酵茶之產製過程在茶菁採收後以日光或熱風萎凋,後續室內萎凋,於萎凋時進行均勻攪拌其目的在於使茶葉失水,在攪拌過程中促進氧化反應進行使茶葉產生特有之色香味,決定部分發酵茶的氧化程度,品質好壞的關鍵。

3. 全發酵(氧化)茶

茶菁經適當萎凋水分散發失去,進行揉捻破壞茶葉組織使茶葉內酵素釋出,適當相對濕度,使酵素與茶葉內容物進行氧化反應,經足夠反應時間後,使茶葉完整氧化。

全發酵茶以紅茶為主,臺灣主要以中部南投為產區,以大葉種為主要生產品種,宜蘭則以小葉種產製。紅茶依最後茶葉樣態分條形、碎形及半球型三類,宜蘭屬於半球形製程,在茶菁採後後經適度萎凋,渥堆氧化,經揉捻與解塊反覆程序中茶葉進行氧化,後續在高相對濕度下進行氧化補足反應,待形成紅茶特有香氣及色澤時,即以高溫乾燥停止酵素活性,製成產品。

4. 後發酵(氧化)茶

後發酵茶即黑茶,新鮮茶葉經過低溫殺菁停止部分酵素活性後,經過揉捻以利細胞原生質流出,以渥堆方式進行微生物自然發酵,過程中由於低溫殺菁部分氧化酵素殘存活性與微生物產生之酵素同步作用,使茶葉本身多酚類物質經強烈氧化作用產生茶黃質、茶紅質及醌,茶湯呈現深紅色、暗紅色及黑色等顏色。

茶葉樣態介紹與保存

六大茶類加工

華人六大類的茶葉雖因地區不同而生產製程略有差異，但其生產過程會影響其茶葉產品品質，因此基本生產程序有一定的工序流程，以下簡單說明：

揉捻

1. 綠茶

屬不發酵茶，新鮮茶菁經殺菁 (炒菁、蒸菁) 後進行揉捻乾燥。

2. 黃茶

屬輕發酵茶，茶菁經炒菁後，進行揉捻而後悶黃發酵，後續加以乾燥。

3. 白茶

屬輕發酵茶，茶菁經長時間萎凋後，以烘乾茶葉，有些產區用輕度揉捻，有些產區直接乾燥，而後乾燥。

4. 青茶

屬部分發酵茶，將茶菁經日光萎凋，室內靜置萎凋與攪拌，而後進行炒菁、揉捻，最後乾燥。

5. 紅茶

屬全發酵茶，茶菁經萎凋後進行揉捻，進行發酵氧化，後續加以乾燥。

6. 黑茶

屬後發酵茶，茶菁經殺菁後進行揉捻，渥堆自然落菌微生物發酵，乾燥成為毛茶，進一步加以蒸氣壓製成形，形成緊壓之黑茶。

炒茶

乾燥

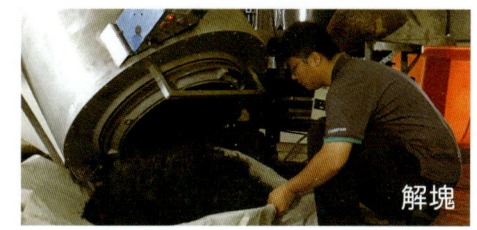
解塊

引用資料來源 茶葉改良場 https://kmweb.moa.gov.tw/subject/subject.php?id=50853

CHAPTER · 1
宴會篇

我有嘉賓，鼓瑟吹笙

Formula · 01
青檸翡翠塔
份量 6 顆

塔殼

糖粉	20 g
低筋麵粉	60 g
玄米油	35 g
無糖豆漿	7 g
清烏龍茶粉	4 g

內餡

細砂糖	34 g
玉米澱粉	2 g
新鮮檸檬汁	21 g
無糖豆漿	34 g
無味椰子油	5 g
素食吉利丁粉	1 g
山梔子	5 g

― 塔殼

01. 玄米油、無糖豆漿混合拌勻。加入所有過篩後的粉類拌勻成糰,鬆弛30分鐘。【圖1~圖3】
02. 直接鋪在模型中整形,戳洞鬆弛。【圖4】
03. 170°C/150°C,烤焙15分鐘,脫模冷卻,備用。**POINT** 一顆麵糰20公克。

― 內餡

04. 細砂糖與素食吉利丁粉混和均勻,備用。【圖5】
    POINT 選用素食吉利丁粉不用寒天是因寒天口感較硬。
05. 無糖豆漿與山梔子加熱至有顏色後,過篩濾除山梔子。【圖6~圖7】
06. 再加入其他剩餘的材料及步驟1,加熱至濃稠滾沸。【圖8~圖10】

― 組合

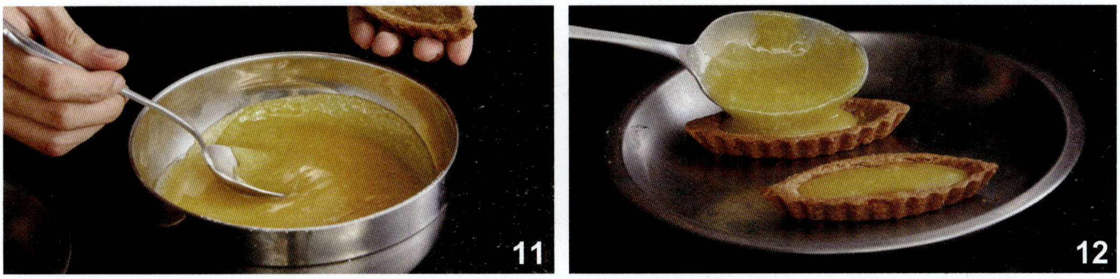

07. 將煮好的內餡填入烤好的塔殼中,再用檸檬皮屑裝飾。【圖11~圖12】

Formula · 03
抹茶水果塔

份量 9 顆

塔皮

鹽	100 g	楓糖	40 g
泡打粉	1 g	玄米油	50 g
抹茶粉	2 g	中筋麵粉	100 g
無糖豆漿	20 g		

素鮮乃油

腰果	150 g
細砂糖	5 g
椰漿	120 g
檸檬汁	4 g

裝飾

甜桃
藍莓
奇異果

一 塔皮

01. 模具噴上烤盤油或刷油撒粉備用；抹茶粉加玄米油拌勻備用。【圖 1】
02. 將抹茶油加入無糖豆漿、鹽、楓糖拌勻，中筋麵粉及泡打粉過篩後拌入揉成糰即可，放入塑膠袋鬆弛 10 分鐘。【圖 2～圖 3】
03. 將麵糰分割成 15 公克平均壓入模型中，以切麵刀切除邊緣多於麵糰，表面以叉子扎洞後，鬆弛 10 分鐘。【圖 4～圖 6】
    POINT 麵糰在手上的時間不可過久，否則會出油影響成品。
    POINT 麵糰太厚、厚度不一致會夾生且不酥脆
04. 將塔皮放入烤箱上下火 210°C/200°C 烤 15～18 分鐘即可，放涼脫模備用。
    【圖 7～圖 8】

POINT

第一步驟 模具噴上烤盤油或刷油撒粉備用

素鮮乃油

 09
 10
 11

05. 腰果預先泡水約 6 小時取出，重裝清水將腰果煮熟，瀝乾。
06. 將腰果、椰漿、細砂糖放入均質機攪至成泥狀後，加入檸檬汁拌勻即可，冷藏 2 小時。【圖 9～圖 11】

組合

 12
 13
 14

07. 取素鮮乃油裝入擠花袋，擠入塔皮，最後放上切好的水果裝飾完成。
    【圖 12～圖 14】

Formula · 04
烏龍茶堅果塔

🍴 份量 9 顆 🍴

📖 寫給美味人生的七封信

甜美的起點

　　在堅果的世界，相較已有千年食用歷史的開心果、芝麻等，夏威夷果發展至今只有約一百五十年。夏威夷果最早是被澳洲原住民當作主要糧食，沒有發展出商業價值的種植。是 19 世紀中期被移植到夏威夷，作為防風林來栽種，20 世紀初，在政府鼓勵下開設第一家夏威夷豆農場，與原產的澳洲一同擴大規模生產後，才開始打入國際市場。

　　與夏威夷果的發展背景相似，純素主義最初是自英國萌芽，近年因著許多國際企業開始建立起 ESG 的發展目標，環境純素主義也藉環境保護和永續經營的理念，在飲食上落實不使用動物原料的原則，開始在世界各國落地生根。就像美麗的堅果塔，不追求奢華食材，不追求香氛四溢的奶油，烤盤上也能開出一朵朵美麗的花。

堅果餡

塔皮

塔皮	
鹽	0.5 g
泡打粉	1 g
烏龍茶粉	2 g
無糖豆漿	20 g
楓糖	40 g
玄米油	50 g
中筋麵粉	100 g

堅果餡	
水	50 g
椰糖	50 g
麥芽糖	100 g
椰漿	50 g
胡桃	80 g
夏威夷果	300 g
南瓜籽	60 g
蔓越莓	30 g

CHAPTER · 1 宴會篇

029

一 塔皮

01. 模具噴上烤盤油或刷油撒粉備用；烏龍茶粉加玄米油拌勻備用。【圖1～圖2】
02. 將烏龍茶油加入無糖豆漿、鹽、楓糖拌勻，中筋麵粉及泡打粉過篩後拌入揉成糰即可，放入塑膠袋鬆弛10分鐘。【圖3】
03. 將麵糰分割成15公克平均壓入模型中，以切麵刀切除邊緣多於麵糰，表面以叉子扎洞後，鬆弛10分鐘。【圖4～圖10】
04. 將塔皮放入烤箱上下火210°C/200°C烤15~18分鐘即可放涼脫模備用。【圖11～圖12】

堅果餡

05. 將胡桃、夏威夷果、南瓜籽放烤箱上下火 160°C/160°C 烤 25~30 分鐘即可。【圖 13】

06. 水、椰糖、麥芽糖小火煮至梅納反應，呈現紅茶色。【圖 14~圖 15】

07. 加椰漿小火煮至 3 分鐘，綿密泡泡後，趁熱加綜合堅果拌勻。【圖 16~圖 18】

組合

08. 堅果餡趁熱填入塔皮、點綴上蔓越莓，進烤箱以上下火 170°C/170°C 烤 10~15 分鐘即可。【圖 19~圖 21】

Formula · 05
阿薩姆瑪德蓮

份量 10 顆

材料

無糖豆漿 A	90 g	鹽巴	2 g	小蘇打粉	1 g
高筋麵粉	24 g	低筋麵粉	60 g	蘋果醋	3 g
玄米油	28 g	無糖豆漿 B	60 g	阿薩姆茶粉	5 g
三溫糖	52 g	杏仁粉	25 g		
椰奶	24 g	無鋁泡打粉	4 g		

作法

01. 將無糖豆漿 A 煮沸,加入高筋麵粉燙麵。【圖 1～圖 2】
02. 將其餘粉類全部過篩後,備用。【圖 3】
03. 將玄米油、無糖豆漿 B 拌勻。【圖 4】
04. 再加入三溫糖、鹽巴、椰奶、蘋果醋拌勻至乳化。【圖 5～圖 6】
05. 再加入過篩粉類混合拌勻。【圖 7】
06. 靜置 1 小時以上,放入擠花袋。【圖 8～圖 9】
07. 擠入模具至八分滿,拍打模具底部拍平。【圖 10～圖 11】
08. 180°C/200°C,烤焙 20 分鐘。

POINT

第七步驟 模具先上油

第八步驟 出爐熟成狀

Formula · 06
鐵觀音可麗露
份量 5 顆

材料

玄米油	34 g	低筋麵粉	30 g
鐵觀音茶粉	8 g	玉米澱粉	18 g
絹豆腐	132 g	楓糖漿	54 g
無糖豆漿	168 g	三溫糖	54 g
中筋麵粉	72 g	鹽巴	1 g

POINT

第九步驟 出爐狀態如圖

| 作法

01. 將茶粉與玄米油拌勻後,備用。【圖1】
02. 將其他粉類過篩後,備用。【圖2】
03. 無糖豆漿加熱至60°C後,備用。【圖3】
04. 將步驟1到3混合,備用。【圖4～圖6】
05. 取絹豆腐、楓糖漿、三溫糖、鹽巴,用均質機拌勻。【圖7】
    POINT 使用絹豆腐是為了增加口感。
06. 再加入步驟4混合成麵糊,續用均質機打勻。【圖8～圖9】
07. 將麵糊過篩後,靜置1小時以上。【圖10】
08. 將模具噴油防沾黏,倒入麵糊至七分滿,拍打底部敲平。【圖11～圖13】
09. 200°C/230°C先烤20分鐘,再調整爐溫180°C/180°C,悶烤/40分鐘。
    【圖14】

Formula · 07
紅茶杏仁費南雪

份量8顆

材料

植物優格	100 g	杏仁粉	60 g
三溫糖	80 g	泡打粉	4 g
無味椰子油	40 g	紅茶粉	4 g
腰果	30 g	杏仁片	適量
中筋麵粉	50 g		

POINT

第六步驟 出爐狀態如圖

一 作法

01. 將事先泡軟的腰果與無味椰子油放入均質機中,打至細緻。【圖 1】
02. 再加入植物優格及三溫糖拌勻。【圖 2~圖 4】
03. 加入所有過篩的粉類,拌至成平滑的麵糊。靜置 1 小時狀態如圖。
    【圖 5~圖 7】
04. 將模具塗上油脂防沾黏後,將麵糊放入擠花袋並倒入模具至八分滿。
    【圖 8~圖 10】
05. 輕拍底部,表面撒上杏仁片。【圖 11~圖 12】
06. 170°C/190°C,烤焙 20 分鐘。【圖 13】

Formula · 08

玄米茶柚子司康

份量 16 顆

材料

高筋麵粉	220 g	無鋁泡打粉	4 g	柚子醬	35 g
玉米澱粉	50 g	無味椰子油	30 g	桔皮丁	35 g
玄米茶粉	12 g	玄米油	40 g		
細砂糖	60 g	無糖豆漿	100 g		

作法

01. 將所有粉類過篩後，備用。【圖1】
02. 將無味椰子油、玄米油、無糖豆漿、柚子醬均質乳化備用。【圖2】
03. 再加入細砂糖攪拌至無顆粒。【圖3~圖4】
04. 再加入所有粉類、桔皮丁拌勻成麵糰。用刀切壓成型，放30分鐘。靜置30分鐘。【圖5~圖9】
05. 將麵糰分割一顆35公克，表面刷上無糖豆漿。【圖10~圖11】
06. 200°C/180°C，烤焙20分鐘。【圖12】

POINT

第五步驟 無糖豆漿混和楓糖漿較易上色。

第六步驟 出爐狀態如圖

餅乾體

01. 素食旦白粉跟水混合成素食旦白液,備用。【圖1】
02. 素食旦白液與糖粉1打至綿密細泡。【圖2~圖3】
03. 將所有粉類過篩後,與素食旦白霜拌勻。【圖4~圖6】
04. 麵糊放入擠花袋擠入模具抹平,表面撒上糖粉,脫模。【圖7~圖11】
    POINT 模具不用先上油。
05. 180°C/160°C,烤焙20分鐘。出爐後冷卻備用。【圖12】

伯爵鮮乃油

06. 細砂糖與素食吉利丁粉混和均勻，備用。【圖 13～圖 14】
07. 米穀粉與水煮至糊化。【圖 15～圖 17】
08. 再加入其他剩餘材料與步驟 6 拌勻。【圖 18～圖 19】
09. 用中小火煮至沸騰，冷卻備用。【圖 20～圖 21】

組合

10. 達克瓦茲殼烤好如圖，依序從烘焙墊取下。【圖 22】
11. 將伯爵鮮乃油放入擠花袋擠在達克瓦茲外殼，再放上另一塊達克瓦茲外殼，輕壓轉動即完成。【圖 23～圖 24】
POINT 伯爵鮮乃油要避免煮到太軟，擠內餡時花紋較易成型。

Formula · 10
紫薯綠茶餅
份量 10 顆

糕皮

玄米油	41 g	無糖豆漿	15 g
糖粉	27 g	米穀粉	18 g
鹽巴	1 g	低筋麵粉	56 g
大豆卵磷脂	1 g	綠茶粉	3 g
薏仁粉	21 g	楓糖漿	14 g
水	20 g		

內餡

蒸熟的紫地瓜	92 g
白豆沙餡	250 g
玄米油	18 g
無糖豆漿粉	18 g

一、糕皮

01. 將玄米油、楓糖漿、大豆卵磷脂、水、糖粉、鹽巴拌均備用。【圖1】
02. 加入所有過篩後的粉類拌成糰，鬆弛30分鐘。【圖2~圖3】
03. 分割一顆20公克，備用。【圖4】

一、內餡

04. 玄米油與無糖豆漿粉拌勻。【圖5~圖6】
05. 再加入蒸熟的紫地瓜與白豆沙餡攪拌均勻。【圖7】
06. 拌勻搓長。分割一顆32公克。與20公克的糕皮一同備用。【圖8】

一、組合

07. 糕皮包入內餡，收口。【圖9~圖10】
08. 沾適量手粉並用模具壓成型。【圖11~圖14】
09. 220°C/150°C，烤焙18分鐘。【圖15】

Formula · 11
紅烏龍焦糖布丁
份量6個

焦糖

細砂糖	50 g
水	20 g

布丁液

紅烏龍茶粉	5 g	無糖豆漿	320 g
三溫糖	45 g	椰奶	40 g
寒天粉	2 g	玉米澱粉	5 g

046

— 焦糖

POINT

※ 煮焦糖的過程輕晃即可,不要攪動。

※ 過程加入約 10 公克的水,降溫並使組織更硬。

01. 焦糖煮至上色,倒入模具中,備用。【圖1~圖3】

— 布丁液

02. 將所有材料攪拌均勻,加熱至沸騰。【圖4~圖6】
03. 過篩並倒入模具中。【圖7~圖8】
04. 放進冰箱,冷卻。【圖9】

Formula · 12

抹茶紅豆洋羹

份量 10 顆

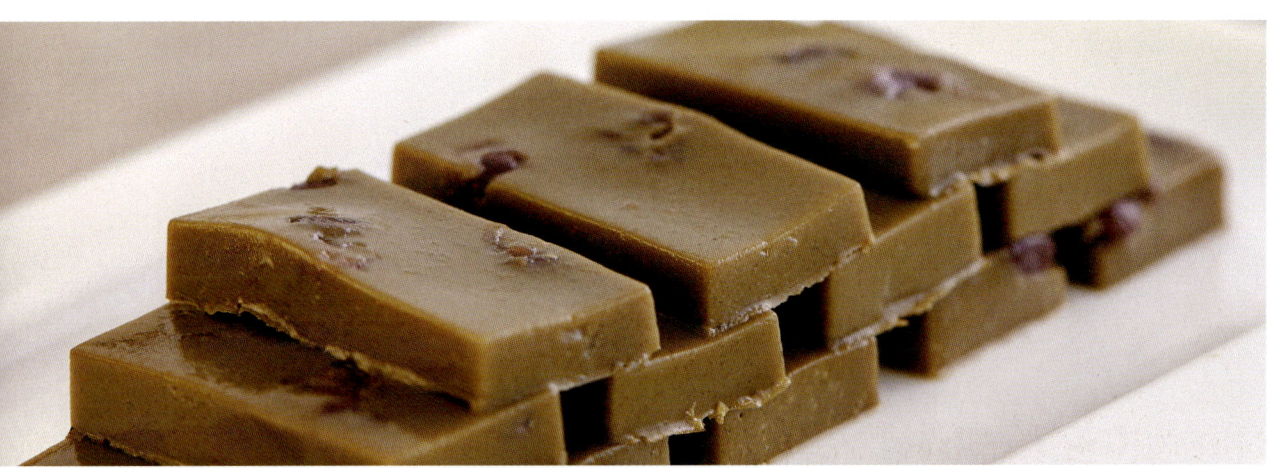

材料

無糖豆漿 1	50 g
無糖豆漿 2	250 g
細砂糖	30 g
抹茶粉	6 g
素食吉利丁粉	6 g
蜜紅豆	60 g

01. 取小鋼盆倒入抹茶粉，加入 50 公克無糖豆漿先調勻，再加入 250 公克無糖豆漿 2 拌勻後，煮至滾沸。【圖 1~ 圖 2】。

POINT 為避免抹茶粉結塊，可事先加入一些豆漿打散。

02. 取容器平均放上蜜紅豆粒。【圖 3】

03. 細砂糖、素食吉利丁粉拌勻，倒入【步驟 1】中煮滾。【圖 4】

04. 趁熱倒入容器，冷藏約 1 小時，待凝固脫模即可。【圖 5】

POINT 可用噴火槍去除泡泡。

01

02

03

04

05

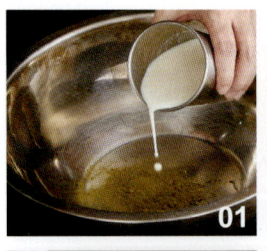

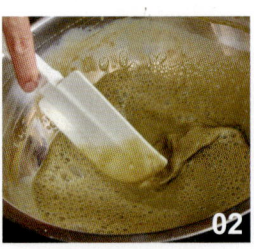

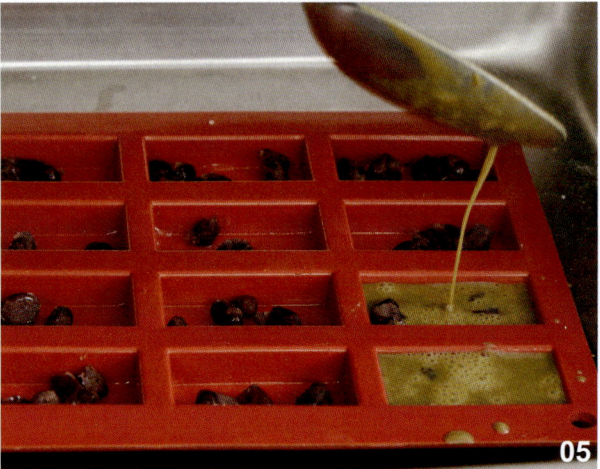

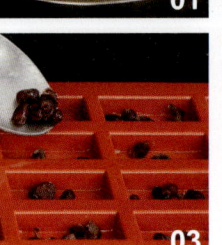

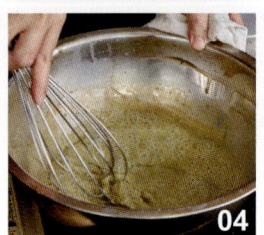

Formula · 13
水果茶凍

份量 2 杯

茶凍

紅茶葉	5 g
水	300 g
鳳梨丁	40 g
百香果汁	5 g
細砂糖	10 g
寒天粉	3 g

裝飾

鳳梨	30 g
甜桃	30 g
藍莓	10 g

01. 水煮滾關火加紅茶葉蓋蓋悶 1 分鐘，過濾出茶葉，備用。【圖 1～圖 2】

02. 寒天粉加入細砂糖拌勻。【圖 3】

03. 【步驟 1】加入鳳梨丁、百香果汁煮滾加入【步驟 2】煮約 30 秒後，即可趁熱填入模型中，待微冷卻後，再放入冷藏約 1 小時。【圖 4～圖 6】

04. 待茶凍凝固後，以水果在表面裝飾即完成。

CHAPTER · 1 | 宴會篇

Formula · 14
雙色茶西餅
份量 10 顆

麵糰

樹薯粉	6 g	鹽	0.5 g	薏仁粉	30 g
冷水	30 g	無糖豆漿	35 g	糖粉	75 g
抹茶粉	5 g	泡打粉	2 g	低筋麵粉	120 g
玄米油	120 g	玉米粉	30 g		

裝飾

白芝麻　適量

作法

01. 樹薯粉加冷水調勻後,放置爐火上加熱至微糊化。【圖1】
02. 將泡打粉、玉米粉、薏仁粉、糖粉、低筋麵粉過篩備用。
03. 【步驟1】加入玄米油、鹽、豆漿拌勻後,加入過篩後的粉【步驟2】拌勻成糰。【圖2～圖4】
04. 將【步驟3】麵糰取1/2量拌入抹茶粉(綠色麵糰),將綠麵糰及白麵糰放入冷藏冰箱鬆弛30分鐘後取出,【圖5～圖6】
05. 分別將雙色麵糰擀成片狀,兩層相疊後捲起,整形成長柱狀後表面沾上白芝麻,放入冷凍冰40分鐘。【圖7～圖10】
06. 冰40分鐘後取出切成厚度0.3公分,平均鋪在防沾烤盤,放入烤箱上下火180°C/140°C烤15~20分鐘即完成。【圖11～圖12】

CHAPTER · 2
中式篇

茶是吉，一口清香染茜容

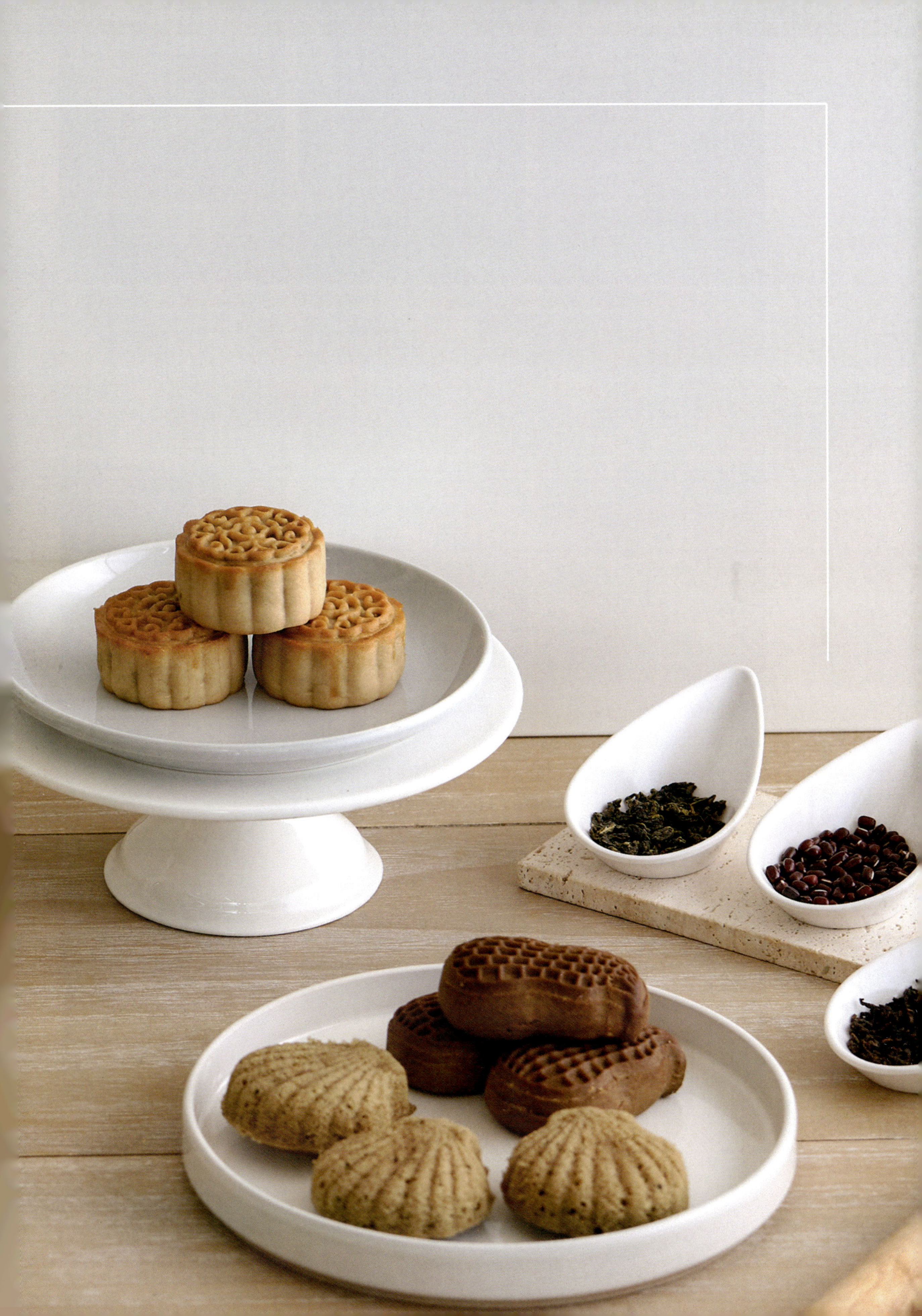

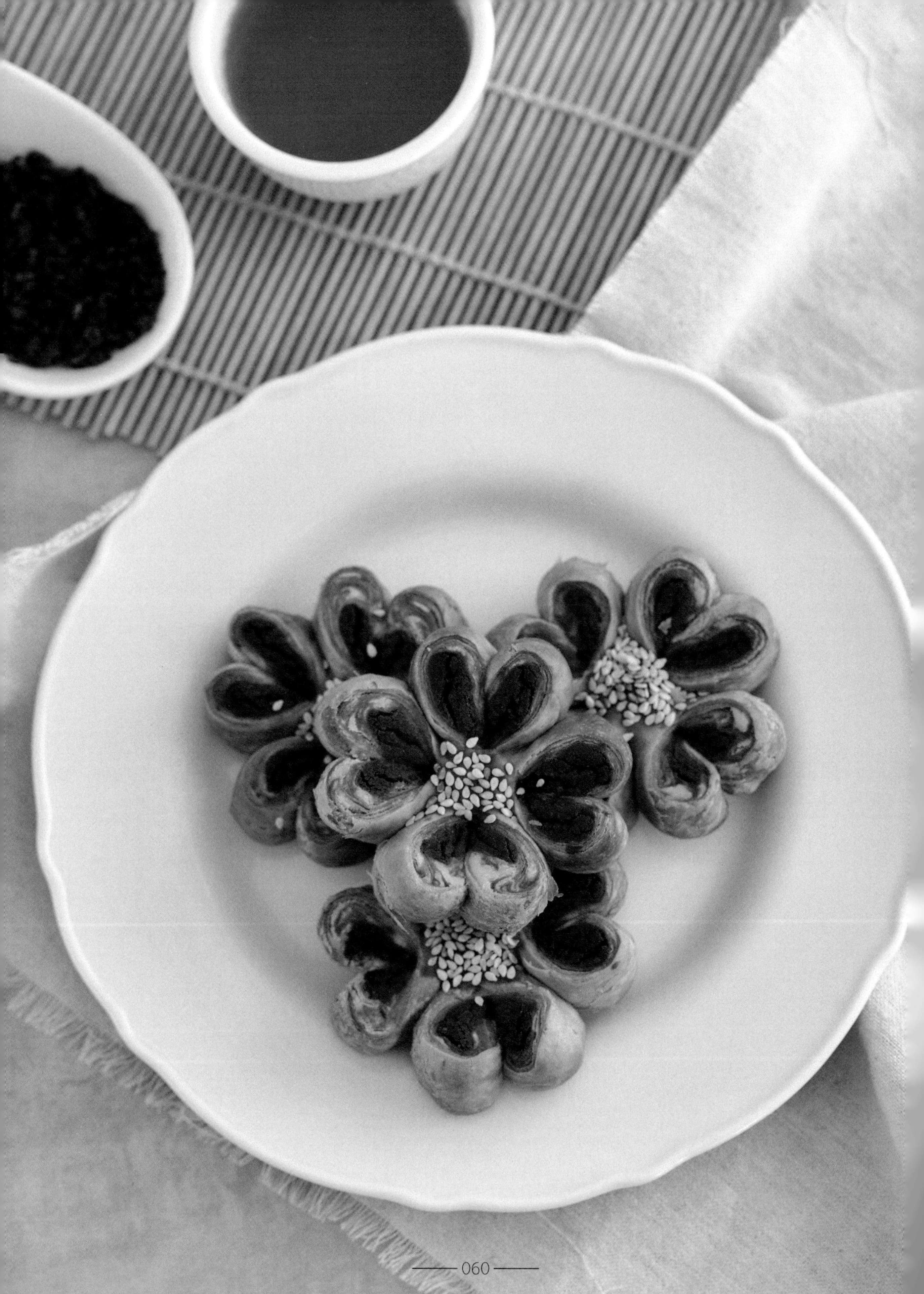

Formula · 18
鐵觀音幸運酥

份量 8 顆

📖 第三封信

小幸運

　　清乾隆元年，著名學者王士讓喜愛栽種花草，相傳鐵觀音的發現便是王士讓在其書房旁的荒廢花園，意外發現有株異於其他茶種的茶樹，另外培植而長成的。而後鐵觀音被採製成茶，因其茶葉結實烏亮，做成茶葉後色如鐵、味醇厚，又因茶種是發現在南山觀音巖下，故名鐵觀音茶。

　　實難想像這千萬分之一的幸運是如何經歷重重困難，萌芽，長成，被發現。生命也是如此奧秘的一件事，在第三封信中，願能以象徵幸運的四葉草為起始，鐵觀音的香氣為寄託，綻放出屬於我們的幸運。

油皮 & 油酥

油皮	
玄米油	22 g
中筋麵粉	81 g
糖粉	11 g
水	54 g
鐵觀音茶粉	3 g

油酥	
玄米油	36 g
低筋麵粉	86 g

內餡	
白豆沙餡	160 g
鐵觀音茶粉	5 g
玄米油	30 g

內餡

CHAPTER · 2 中式篇

| 油皮

01. 所有材料攪拌成糰，鬆弛 30 分鐘。【圖 1~ 圖 4】
02. 分割一個 20 公克，備用。【圖 5~ 圖 6】

| 油酥

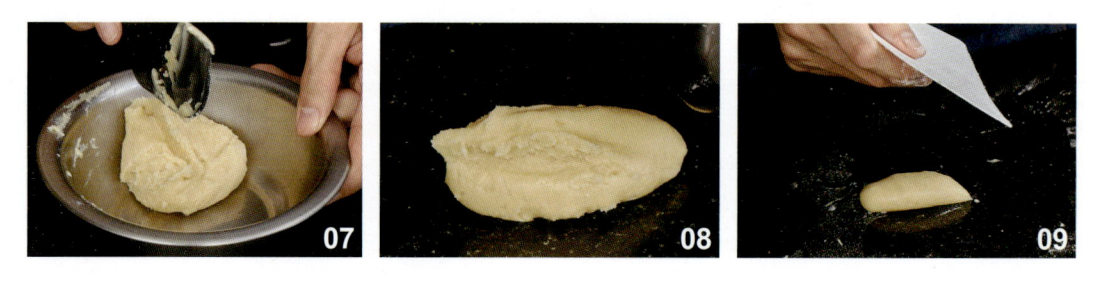

03. 所有材料攪拌成糰。【圖 7】
04. 分割一個 15 公克，備用。【圖 8~ 圖 9】

| 內餡

05. 玄米油及鐵觀音茶粉攪拌均勻。【圖 10】

06. 再與白豆沙餡混合均勻。【圖 11~圖 13】

07. 分割一個 20 公克，備用。【圖 14~圖 15】

組合與整形

08. 油皮包油酥擀捲兩次。【圖 16~圖 18】

09. 再包入餡料。【圖 19】

10. 改成 8 公分的圓片，剪 8 刀整形。【圖 20~圖 23】

11. 中間刷上無糖豆漿及點上少許白芝麻裝飾。【圖 24~圖 25】

12. 上下火 210°C/180°C，烤焙 25 分鐘。【圖 26】

Formula · 19
清烏龍茶糕

份量 10 顆

糕皮

在來米粉	68 g
糯米粉	68 g
玄米油	11 g
楓糖漿	28 g
清烏龍茶粉	4 g
無糖豆漿	80 g

內餡

綠豆沙餡	120 g

糕皮

01. 在來米粉與糯米粉混合，用電鍋蒸熟。【圖1】
02. 將烏龍茶粉及玄米油攪拌均勻。【圖2】
03. 再加入楓糖漿及無糖豆漿攪拌均勻。【圖3】
04. 再加入蒸熟的粉類拌勻成糰，鬆弛20分鐘。皮分割一個22公克，內餡分割一個12公克，備用。【圖4】

組合

05. 糕皮包入內餡，表面沾少許熟米穀粉防沾黏。【圖5】
06. 再用模具壓成型。【圖6】

Formula · 20
紅烏龍茶香鳳梨酥

份量 10 顆

糕皮

楓糖漿	72 g
玄米油	81 g
大豆卵磷脂	4 g
米穀粉	65 g
低筋麵粉	115 g
無糖豆漿粉	16 g
紅烏龍茶粉	5 g

內餡

鳳梨餡	200 g

糕皮

01. 玄米油、紅烏龍茶粉、大豆卵磷脂、楓糖漿攪拌均勻。【圖1】
02. 再加入所有過篩後的粉類攪拌成糰，鬆弛30分鐘。【圖2】
03. 分割一個30公克，備用。【圖3】
04. 將鳳梨內餡分割一個20公克，備用。【圖4】

組合

05. 糕皮包入內餡，放入模具中壓成型，放上南瓜籽裝飾。【圖5】
06. 170°C/180°C，烤焙25分鐘。【圖6】

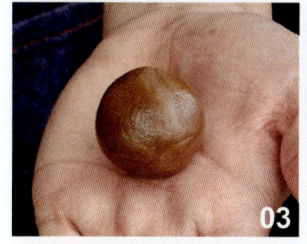

Formula · 21
四季春雪花糕

份量 8 人份

材料

無糖豆漿	200 g
玉米澱粉	35 g
椰奶	50 g
細砂糖	40 g
四季春茶粉	4 g
椰子粉	適量

01. 將所有材料攪拌均勻。【圖1】
02. 直火加熱煮至濃稠。【圖2】
03. 倒入事先抹油的模具中,冷卻。【圖3~圖4】
04. 倒出分割成2×2公分的方塊。【圖5】
05. 表面沾上椰子粉。【圖6】

Formula · 22
焙茶綠豆糕

份量 8 顆

材料

脫皮綠豆仁	125 g	水麥芽	12 g
細砂糖	30 g	焙茶粉	3 g
玄米油	30 g	蔓越莓乾	20 g
無糖豆漿粉	12 g		

01. 脫皮綠豆仁事前浸泡 12 小時以上，再蒸 40 分鐘。【圖 1～圖 2】
02. 趁熱壓成泥再加入所有材料拌勻，瓦斯爐加熱至水分散失能夠成糰。【圖 3～圖 4】
03. 將蔓越莓乾切碎拌入混和。【圖 5】
04. 分割一個 25 公克。【圖 6】
05. 用模具壓成型，放上裝飾完成。【圖 7～圖 8】

Formula · 23
茶香馬來糕

份量 10 顆

材料

板豆腐 20 g	楓糖 50 g	低筋麵粉 60 g
抹茶粉 1 g	無糖豆漿 70 g	杏仁粉 30 g
椰子油 30 g	泡打粉 4 g	

作法

01. 模具噴上烤盤油或刷油撒粉備用。【圖1】
02. 板豆腐壓成泥備用。【圖2】
03. 抹茶粉加椰子油拌勻備用。【圖3】
04. 泡打粉、低筋麵粉過篩加入杏仁粉混合拌勻備用。【圖4】
05. 將抹茶油、無糖豆漿、板豆腐泥拌勻,加入過篩後的粉類靜置10分鐘。【圖5】
06. 取麵糊放入模型中約8分滿,進入蒸籠以中大火蒸約9-10分鐘即可。
    【圖6~圖8】

Formula · 24

焙茶芝麻方塊酥

份量 20 片

油皮

中筋麵粉	32 g
低筋麵粉	25 g
玄米油	3 g
細砂糖	3 g
水	33 g

油酥

低筋麵粉	80 g
玄米油	27 g
糖粉	20 g
鹽巴	1 g
黑芝麻	15 g
焙茶粉	6 g

POINT

第五步驟 出爐狀態

— 油皮 —

01. 所有材料攪拌成糰,鬆弛 30 分鐘,備用。【圖 1～圖 2】

— 油酥 —

02. 所有材料攪拌成糰,擀平,備用。【圖 3～圖 5】

— 組合 —

03. 油皮包油酥桿捲 4 折兩次,2 折一次。【圖 6～圖 12】
04. 切割成 3×5 公分的方塊。【圖 13～圖 14】
05. 220°C / 180°C,烤焙 20 分鐘。【圖 15】

Formula · 26

伯爵花生造型酥

份量 6 顆

糕皮

楓糖漿	12 g
白豆沙	11 g
麥芽精	4 g
月餅糖漿	45 g
玄米油	27 g
低筋麵粉	90 g
伯爵茶粉	4 g

內餡

花生粉	112 g
無味椰子油	28 g
糖粉	49 g
鹽巴	1 g
馬鈴薯澱粉	42 g

裝飾

楓糖漿
無糖豆漿

糕皮

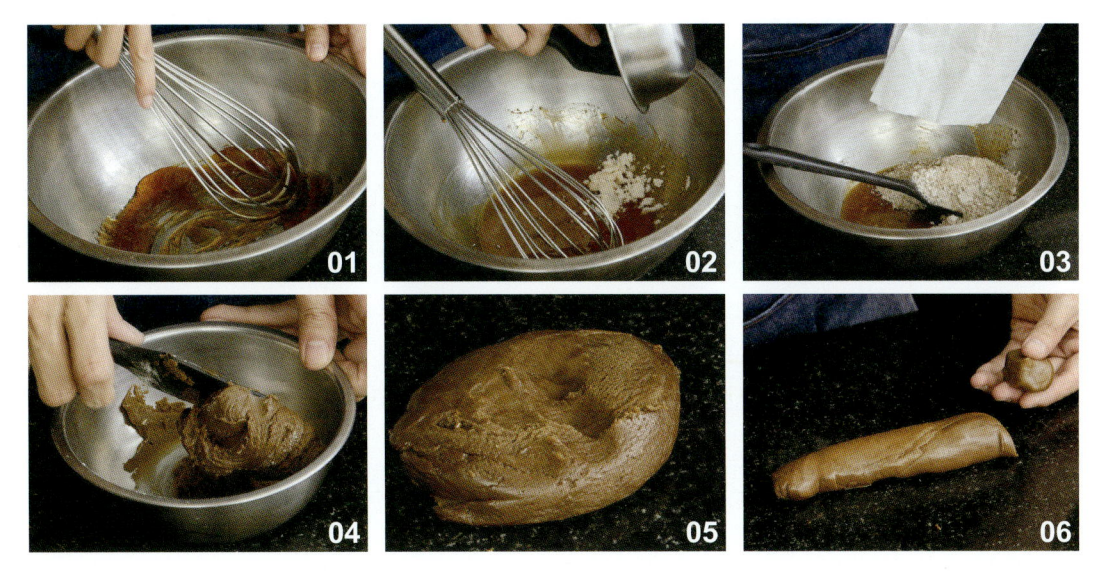

01. 楓糖漿、月餅糖漿、麥芽精、玄米油混和均勻。【圖1】
02. 再將白豆沙拌鬆散後加入拌勻。【圖2】
03. 再加入過篩後的粉類,攪拌成糰,鬆弛。【圖3~圖5】
04. 分割一個22公克,備用。【圖6】

內餡與組合

05. 所有內餡材料攪拌成糰,分割一個28公克,備用。【圖7~圖9】
06. 糕皮包入內餡。【圖10】
07. 放入模具中壓成型。【圖11~圖12】
08. 表面刷上無糖豆漿裝飾,無糖豆漿混和楓糖漿較易上色。【圖13】
09. 220°C/180°C,烤焙20分鐘。【圖14】

Formula · 27
茶韻一口酥

份量 10 顆

麵糰

鹽巴	0.5 g	抹茶粉	2 g
樹薯粉	10 g	泡打粉	2 g
細砂糖	80 g	低筋麵粉	50 g
無糖豆漿	75 g	高筋麵粉	200 g
玄米油	75 g		

內餡

冬瓜餡	150 g

糖色液

楓糖	10 g
無糖豆漿	15 g

一、麵糰

01. 鹽巴加樹薯粉、細砂糖、豆漿拌勻小火加熱至糊化。【圖1】
02. 抹茶粉加玄米油拌勻；泡打粉、低筋麵粉、高筋麵粉過篩備用。【圖2】
03. 將【步驟1】加入抹茶油及過篩後粉類攪拌成糰，放入冷藏冰箱鬆弛10分鐘。
    【圖3~圖4】

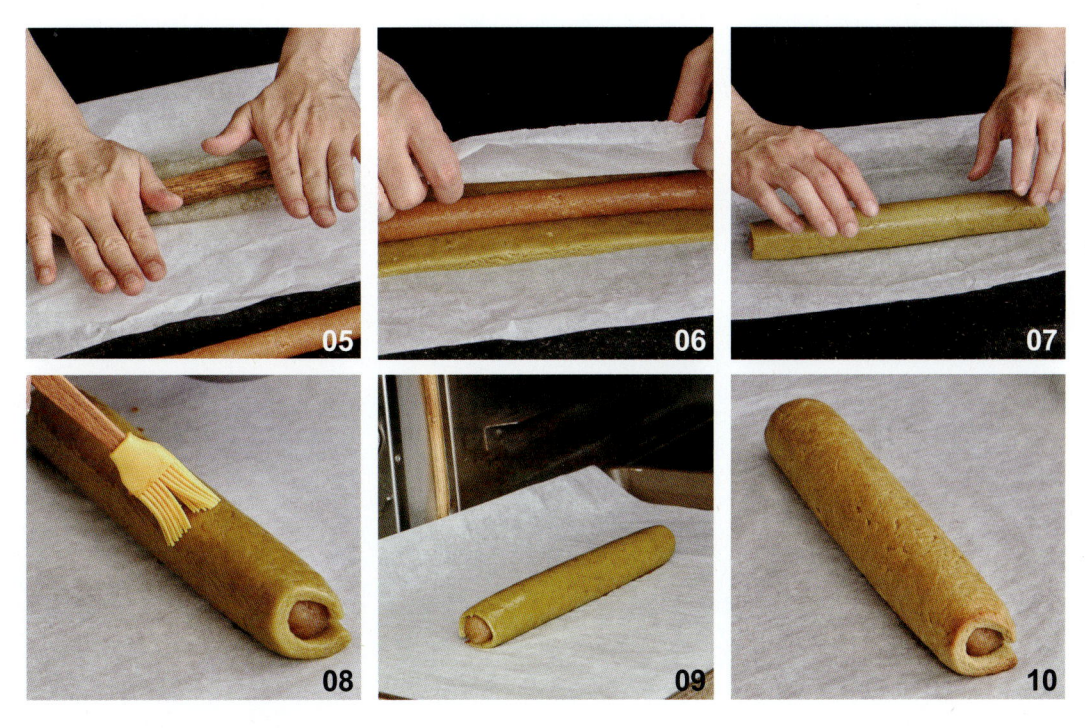

二、組合

04. 糖色液製作：楓糖加無糖豆漿拌勻備用。
05. 取【步驟3】麵糰擀長成方形，厚度約0.3公分。【圖5】
06. 冬瓜餡搓長，放置麵片上完全包覆，前後滾至表面平整後，放置防沾烤盤中，並塗上糖色液。【圖6~圖8】
07. 進入烤箱以上下火200°C/160°C，烘烤15分鐘後，待表面呈金黃色即完成，出爐後趁熱切成一口大大小即可。【圖9~圖10】

Formula · 28
黃烏龍茶韻月餅
份量 7 顆

糕皮

無味椰子油	10 g	低筋麵粉	38 g
玄米油	14 g	高筋麵粉	38 g
黑糖漿	42 g	無鋁泡打粉	1 g
無糖豆漿	8 g		

內餡

白豆沙餡	260 g
黃烏龍茶粉	6 g
玄米油	27 g
杏仁碎粒	20 g

― 糕皮

01. 無味椰子油、玄米油、黑糖漿、無糖豆漿攪拌均勻。【圖1】
02. 再加入所有過篩後的粉類攪拌成糰，鬆弛30分鐘。【圖2～圖3】
03. 分割一個20公克，備用。【圖4】

― 內餡

04. 玄米油及烏龍茶粉攪拌均勻。【圖5】
05. 再與白豆沙餡，杏仁碎粒混合均勻。【圖6】
06. 分割一個40公克，備用。【圖7】

― 組合

07. 糕皮包入內餡。【圖8】
08. 再用模具壓成型。【圖9】
09. 表面刷上無糖豆漿裝飾。【圖10】
10. 210°C/150°C，烤焙15分鐘。【圖11】

CHAPTER · 2 ― 中式篇

― 079 ―

Formula · 31
五仁茶香月餅
份量 10 顆

糕漿餅皮

抹茶粉	5 g
花生油	60 g
鹽	2 g
鹼水	4 g
轉化糖漿	130 g
中筋麵粉	200 g

內餡

鳳梨餡	200 g
南瓜籽	30 g
核桃碎	50 g
杏仁條	50 g
白芝麻	10 g
黑芝麻	10 g

糖色液

楓糖	10 g
無糖豆漿	15 g

一、餅皮

01. 抹茶粉加花生油拌勻備用；中筋麵粉過篩備用。【圖1】
02. 將抹茶油加入轉化糖漿、鹼水、鹽拌勻，加入中筋麵粉拌勻，冷藏鬆弛40分鐘。【圖2～圖4】
    POINT 鹼水用來中和轉化糖漿的酸性，使月餅更好上色。

二、內餡與組合

03. 綜合堅果上下火 150°C/150°C 烤 20 分鐘備用。
04. 烤香綜合堅果加鳳梨餡拌勻備用。【圖5～圖6】
05. 模具灑粉備用。
06. 餅皮一個20公克，內餡一個60公克。【圖7】
07. 餅皮包內餡整形成球體，入模壓製成型後出模。【圖8～圖9】
08. 放進烤箱上下火 240°C/100°C，烤6分鐘後，取出待微涼，表面刷糖色液，繼續烘烤約6分鐘至表面呈金黃色即完成。【圖10】

Formula · 32
綠茶椰香九層粿
份量 6 片

綠茶漿

水	110 g	綠茶粉	2 g
二砂糖	50 g	樹薯粉	50 g

椰香漿

椰漿	150 g
樹薯粉	50 g

— 綠茶漿

01. 綠茶粉加水、二砂糖加熱至糖完全融化，靜置約 30 秒，加入樹薯粉拌勻，過篩備用。【圖 1～圖 4】

— 椰香漿

02. 椰漿與樹薯粉拌勻過篩備用。【圖 5～圖 6】

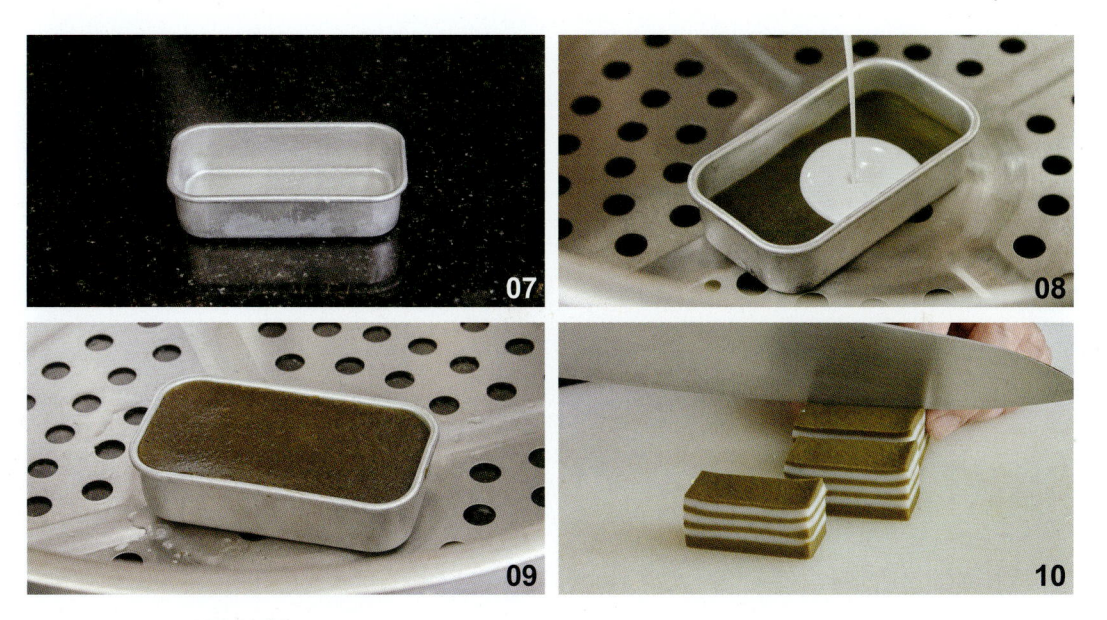

— 蒸製

03. 容器上油備用。【圖 7】

04. 一層綠茶漿蒸 3 分鐘再倒一層椰香漿蒸 3 分鐘，反覆填至九層蒸熟即可。【圖 8～圖 10】

Formula · 33
綠茶金棗沙琪瑪
份量 10 顆

材料

細砂糖	10 g	中筋麵粉	200 g	水	40 g	熟白芝麻	15 g
板豆腐	50 g	綠茶粉	3 g	麥芽糖	220 g	蔓越莓	50 g
泡打粉	8 g	無糖豆漿	120 g	蜜金棗	60 g		

一、作法

01. 板豆腐壓成泥備用；金棗切碎備用；泡打粉、中筋麵粉過篩備用。【圖1～圖3】
02. 綠茶粉加無糖豆漿拌勻，並加入細砂糖、板豆腐泥拌勻，接著加入過篩後的粉類攪拌成糰，放入塑膠袋鬆弛40分鐘。【圖4～圖5】
03. 取麵糰表面撒少許手粉(高筋麵粉)，擀成麵片狀約0.8公分，並切成條狀長度約3公分。【圖6～圖9】
04. 起鍋熱油約6~7成油溫，平均分散放入切好的麵條，炸至金黃即可起鍋瀝油備用。【圖10～圖11】
    POINT 六成油溫約為120～180℃，適用酥炸。八成油溫一般在180℃～240℃，適用於清炸。
05. 水、麥芽糖以中小火熬至呈現小泡泡約110°C後，加入金棗後，煮至118°C倒入炸好的麵條、熟白芝麻、蔓越莓翻拌均勻，放置模具內壓實，放涼切塊即可。【圖12～圖15】

Formula · 34

冰心紅茶涼糕

份量 10 顆

麵糊

紅茶粉	10 g	B 水	240 g
A 水	480 g	樹薯粉	270 g
細砂糖	110 g		

夾層

芋頭餡　150 g

裝飾

熟玉米粉　60 g

作法

01. 紅茶粉加 480 公克的水煮沸。【圖 1～圖 3】
02. 將樹薯粉、細砂糖、240 公克的水拌勻,加入【步驟 1】,攪拌至濃稠,微糊化備用。【圖 4】
03. 取模型,底部鋪上烘焙紙,放入一半紅茶糊,鋪上芋頭餡倒入剩餘的一半紅茶糊。【圖 5～圖 8】
04. 起蒸籠鍋,將成品放入蒸籠鍋,以中大火蒸約 20~25 分鐘即可放涼。
05. 將涼糕取出雙面撒上熟玉米粉切塊即完成。【圖 9～圖 12】

Formula · 35
茶香米菓

份量 10 顆

材料

鹽	1 g	白芝麻	40 g
水	40 g	南瓜籽	60 g
麥芽糖	125 g	米香粒	300 g
細砂糖	210 g	桔子皮	30 g
粗烏龍茶粉	4 g	蔓越莓	30 g
黑芝麻	20 g	杏仁條	30 g

01. 黑芝麻、白芝麻、南瓜籽、杏仁條放入烤箱以上下火 150°C/150°C，烤 20 分鐘後，加入米香粒保溫備用。【圖1】

02. 鹽、水、麥芽糖、細砂糖加熱至 120°C 後，趁熱加入【步驟1】的材料、桔子皮、蔓越莓及粗烏龍茶粉混合均勻，並趁熱填入模具中。【圖2~圖3】
    POINT 糖漿冷了會硬化，因此要趁熱操作。

03. 用烘焙紙及擀麵棍反覆壓平整後，放入烤箱上下火 150°C/150°C，烤 10 分鐘後，取出切塊即可完成。【圖4~圖6】
    POINT 先在鐵盤上鋪一張烘焙紙，並在紙上噴上烤盤油，預防沾黏。

Formula · 36
茶旺米發糕

份量 3 個

材料

在來米粉	15 g	在來米粉	135 g
黑糖	100 g	低筋麵粉	120 g
水	265 g	泡打粉	12 g
紅烏龍茶粉	6 g		

01. 瓷碗大火蒸燙備用。【圖1】
    POINT 瓷碗導熱慢，先蒸燙進行預熱較易成功，發起來才會更漂亮喔！

02. 15公克的在來米粉加黑糖、水、烏龍茶粉拌勻，煮滾過篩放涼備用。【圖2~圖3】

03. 135公克的在來米粉加低筋麵粉、泡打粉過篩加【步驟2】拌勻，倒入瓷碗約8分滿。【圖4~圖5】

04. 大火蒸25~30分鐘後放涼即可。【圖6】

CHAPTER · 2 | 中式篇

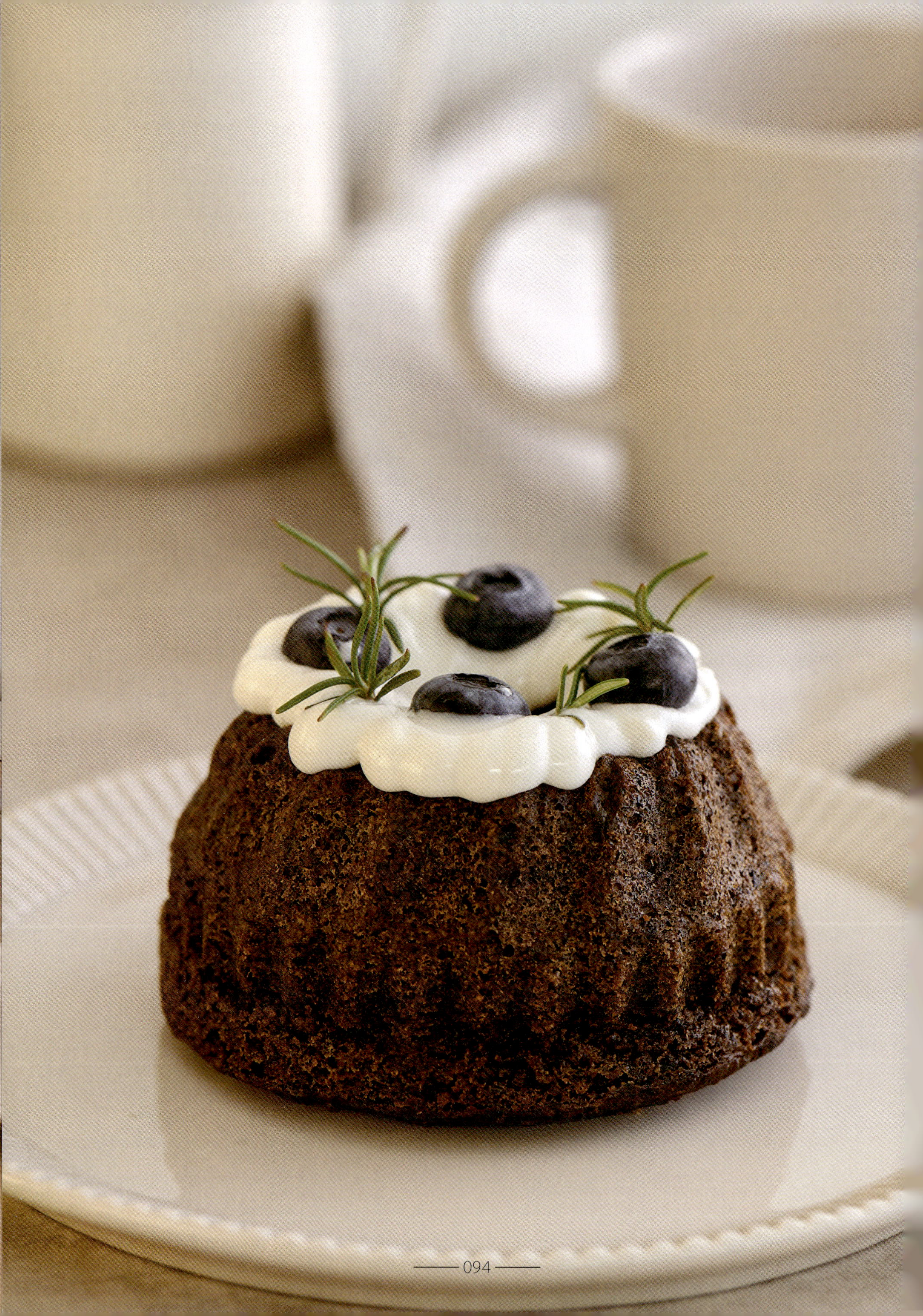

Formula · 37
咕咕霍夫

🥄 份量 1 顆 🥄

📖 第四封信

幸福配方

　　生命中總有一些事物，不會因著外在環境的改變而變質。例如童年時老家的奶奶煮的一大桌菜，烤的蛋糕、餅乾。那種美好的氣味是為回憶。而在美好氣味中，我們也往往能看到更多的傳承與紀念。咕咕霍夫就是這樣一道美好的甜點。

　　咕咕霍夫。傳說是在古巴勒斯坦地區，一位國王遺失了它的王冠，王冠被一位來自於史特拉斯堡的烘焙師傅拾獲。這位烘焙師傅便將王冠作為製作糕點的模具，創造了咕咕霍夫。

　　咕咕霍夫對許多法國人來說是一種紀念性的甜點，因此大多法國家庭都會擁有自己代代相傳的咕咕霍夫模型。而咕咕霍夫在製作過程中也常會加入各式各樣的果乾和調味，以增添更多層次的風味，因此能夠同時呈現出蛋糕的綿密和麵包的蓬軟呢！

旦糕體

旦糕體

板豆腐	100 g	泡打粉	10 g
香蕉	50 g	黑豆粉	35 g
紅茶粉	5 g	黑芝麻粉	35 g
玄米油	100 g	高筋麵粉	80 g
細砂糖	30 g	小麥胚芽粉	35 g
無糖豆漿	150 g		

裝飾

藍莓	10 顆
迷迭香	少許
素鮮乃油	80 g

CHAPTER 3 西式篇

一旦糕體

01 02 03
04 05 06
07 08 09
10 11 12

01. 模具噴上烤盤油或刷油撒粉備用；板豆腐及香蕉壓成泥備用；紅茶粉加玄米油拌勻。【圖1～圖4】
02. 泡打粉、黑豆粉、黑芝麻粉、高筋麵粉過篩加小麥胚芽粉混合均勻備用。【圖5～圖6】
03. 將紅茶油、細砂糖、豆漿拌勻備用，加入板豆腐泥、香蕉泥拌勻後。接著加入過篩後的粉類材料拌勻，靜置10分鐘。【圖7～圖12】
04. 取麵糊填入擠花袋，填入模型8分滿後，上下火200°C/200°C，烤15分鐘後轉向15分鐘即可，出爐後輕敲一下，待冷卻即可脫模。【圖13～圖15】

裝飾

05. 待旦糕體冷卻後淋上鮮乃油放上藍莓、迷迭香裝飾即完成。【圖16】

Formula · 38
抹茶布朗尼
份量 10 顆

麵糊

抹茶粉 20 g	無糖豆漿 300 g	核桃碎 80 g
可可粉 100 g	泡打粉 20 g	在來米粉 140 g
玄米油 160 g	杏仁粉 60 g	
細砂糖 150 g	板豆腐 200 g	

裝飾

素食巧克力丁　適量

│作法

01. 模具噴上烤盤油,放上素食巧克力丁備用;核桃以上下火150°C/150°C烤15分鐘備用。【圖1~圖3】
02. 泡打粉、在來米粉過篩加入杏仁粉混合拌勻備用。
03. 板豆腐壓碎後過篩備用。【圖4】
04. 玄米油加可可粉、抹茶茶粉拌勻後,放入鍋中微加溫至45度,接著加入細砂糖、豆漿、板豆腐泥拌勻。【圖5】
05. 將【步驟3】加所有過篩粉類及核桃拌勻,即可填入模具,以上下火180°C/170°C,烘烤10~12分鐘,出爐輕敲後,待涼脫模即可。【圖6~圖8】
06. 出爐放涼即完成,也可將放涼的成品上下片合併。【圖9~圖11】

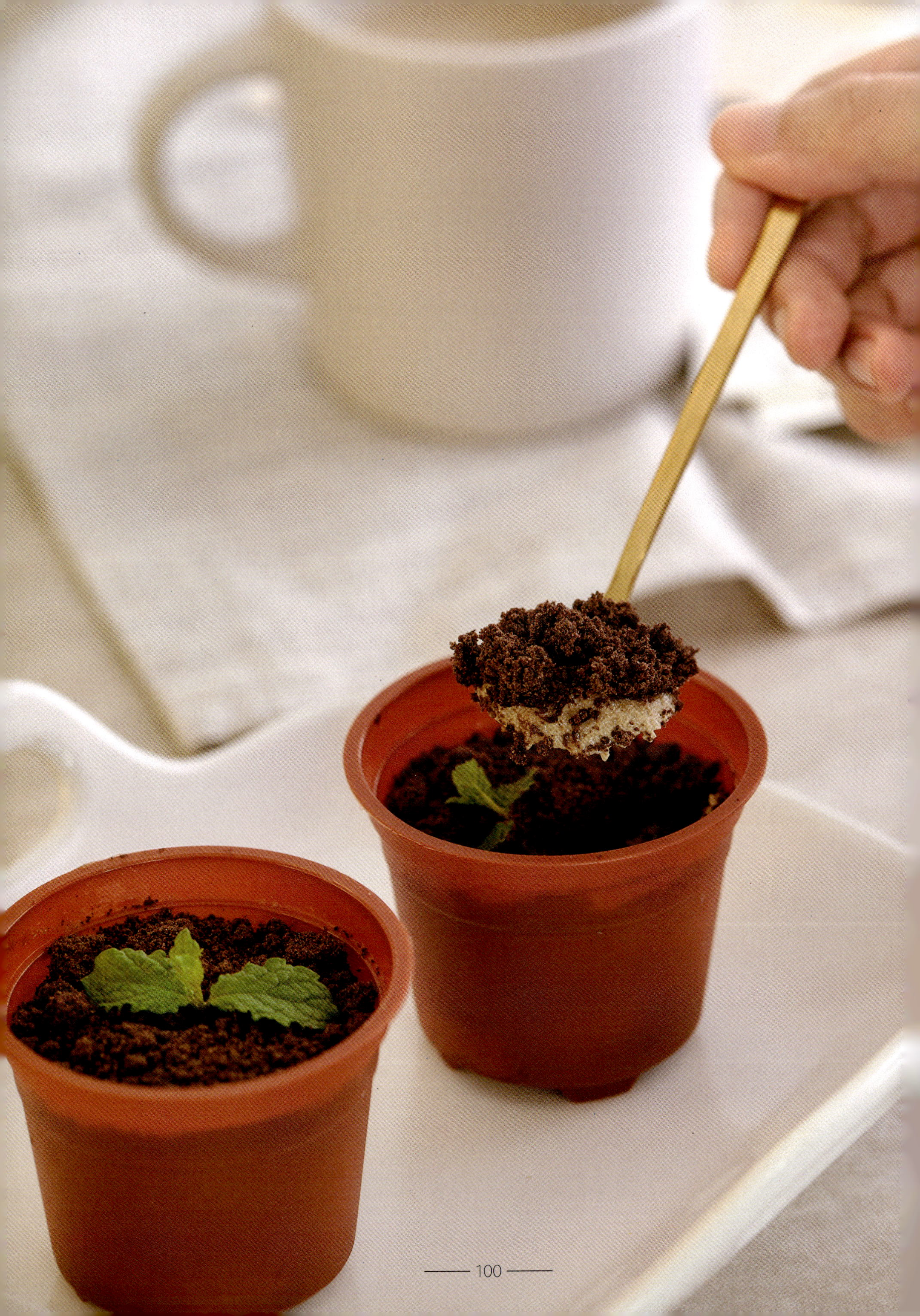

Formula · 39

伯爵盆栽提拉米蘇

份量 6 個

📖 **第五封信**

開出花來

不論在哪裡，只要你平安，就是好的。

　　相傳提拉米蘇，是起源自一段征戰頻仍，煙硝瀰漫，時時得面對生離死別的年代中。提拉米蘇原文意「帶我走」。二戰期間，妻子為即將遠行奔赴戰場的丈夫，將家裡僅剩的材料做成甜點。使丈夫能藉著提拉米蘇的心意，感受到妻子對他的愛，平安回家。而當這樣的提拉米蘇被放到可愛的盆栽中，便更有等待、栽種與開花的象徵意味。

馬斯卡彭
可可酥粒

餅乾
玄米油	12 g	低筋麵粉	6 g
無糖豆漿	45 g	杏仁粉	40 g
細砂糖	12 g	無鋁泡打粉	2 g
香草籽醬	2 g		

咖啡液
咖啡粉	10 g
熱水	40 g

馬斯卡彭
腰果	120 g	無味椰子油	22 g
無糖豆漿	100 g	新鮮檸檬汁	12 g
椰漿	35 g	伯爵茶粉	3 g
楓糖漿	30 g		

可可酥粒
無味椰子油	12 g
糖粉	10 g
低筋麵粉	38 g
可可粉	10 g

CHAPTER · 3 ── 西式篇

― 餅乾

01. 玄米油、無糖豆漿、細砂糖、香草籽醬攪拌均勻。【圖1】
02. 再加入所有過篩的粉類,拌勻成麵糊。【圖2~圖3】
03. 用花嘴擠成圓形,表面撒上糖粉。【圖4~圖6】
04. 180°C/150°C,烤焙12分鐘,出爐冷卻,備用。【圖7~圖8】

― 咖啡液、馬斯卡彭

― 102 ―

05. 咖啡液：咖啡粉加熱水混合成咖啡液，備用。【圖9】
06. 馬斯卡彭：將事前泡軟煮熟的腰果與無糖豆漿、椰漿、楓糖漿、無味椰子油，用均質機打至細緻。加入新鮮檸檬汁、伯爵茶粉攪拌均勻成素馬斯卡彭麵糊備用。【圖10～圖11】

POINT 可添加蘭姆酒 5g 增加香氣。

可可酥粒

07. 所有材料混和均勻成沙粒狀。【圖12～圖14】
08. 入爐烤焙熟成即可。【圖15】

組合

09. 修剪餅乾浸泡咖啡液。【圖16～圖17】
10. 與馬斯卡彭麵糊交錯放置與杯子中。【圖18～圖20】
11. 表面灑上可可酥粒，再放上薄荷葉，進行裝飾。【圖21】

Formula · 43
四季春香瑪芬

份量 10 顆

材料

高筋麵粉	196 g	玄米油	56 g	鹽巴	1 g
四季春茶粉	5 g	無味椰子油	60 g	夏威夷豆碎	適量
無鋁泡打粉	10 g	細砂糖	120 g		
無糖豆漿	210 g	黑豆粉	40 g		

一、作法

01. 四季春茶粉與玄米油攪拌均勻。【圖1】
02. 再與細砂糖、無糖豆漿、無味椰子油一同攪拌均勻。【圖2～圖4】
03. 再加入所有過篩後的粉類,攪拌成麵糊。【圖5～圖7】
04. 倒入擠花袋後,擠入紙杯中輕敲。【圖8～圖10】
05. 撒上夏威夷豆碎。【圖11】
06. 180°C/150°C,烤焙25分鐘,出爐。【圖12】

Formula · 44

紅玉巴斯克旦糕

4吋圓模 份量1顆

材料

椰奶	160 g	紅玉茶粉	15 g	鹽巴	2 g
無糖豆漿	160 g	三溫糖	140 g	無味椰子油	24 g
腰果	150 g	新鮮檸檬汁	30 g	大豆卵磷脂	10 g
絹豆腐	260 g	玉米澱粉	12 g		

作法

01. 將事先泡軟的腰果與絹豆腐、紅玉茶粉，用均質機打至細緻。【圖1】
02. 再加入其他剩餘材料，攪拌均勻。【圖2～圖4】
03. 倒入模具中。【圖5】
04. 230°C/150°C，烤焙35分鐘。【圖6】
05. 出爐冷卻，放置冰箱冰冷，即可切片享用。【圖7】

Formula · 45

香蕉紅茶旦糕

份量 10 條

旦糕體

香蕉（熟成）	60 g	無糖豆漿	150 g	小麥胚芽粉	35 g
板豆腐	100 g	紅茶粉	5 g	高筋麵粉	140 g
細砂糖	30 g	泡打粉	12 g	杏仁粉	35 g
玄米油	100 g	薏仁粉	30 g		

裝飾

| 杏仁條 | 30 g |
| 無花果 | 50 g |

作法

01. 模具噴上烤盤油或刷油撒粉備用；板豆腐及香蕉壓成泥備用；紅茶粉加玄米油拌勻。【圖1～圖3】
02. 泡打粉、薏仁粉、高筋麵粉過篩加杏仁粉、小麥胚芽粉混勻備用。【圖4】
03. 將紅茶油、細砂糖、無糖豆漿拌勻備用，加入板豆腐泥、香蕉泥拌勻後。接著加入過篩後的粉類材料拌勻，靜置10分鐘。【圖5】
04. 取麵糊填入擠花袋中，填入模型8分滿後，表面點綴杏仁條、無花果，進入烤箱以上下火200°C/180°C，烘烤20-25分鐘即完成。【圖6～圖9】

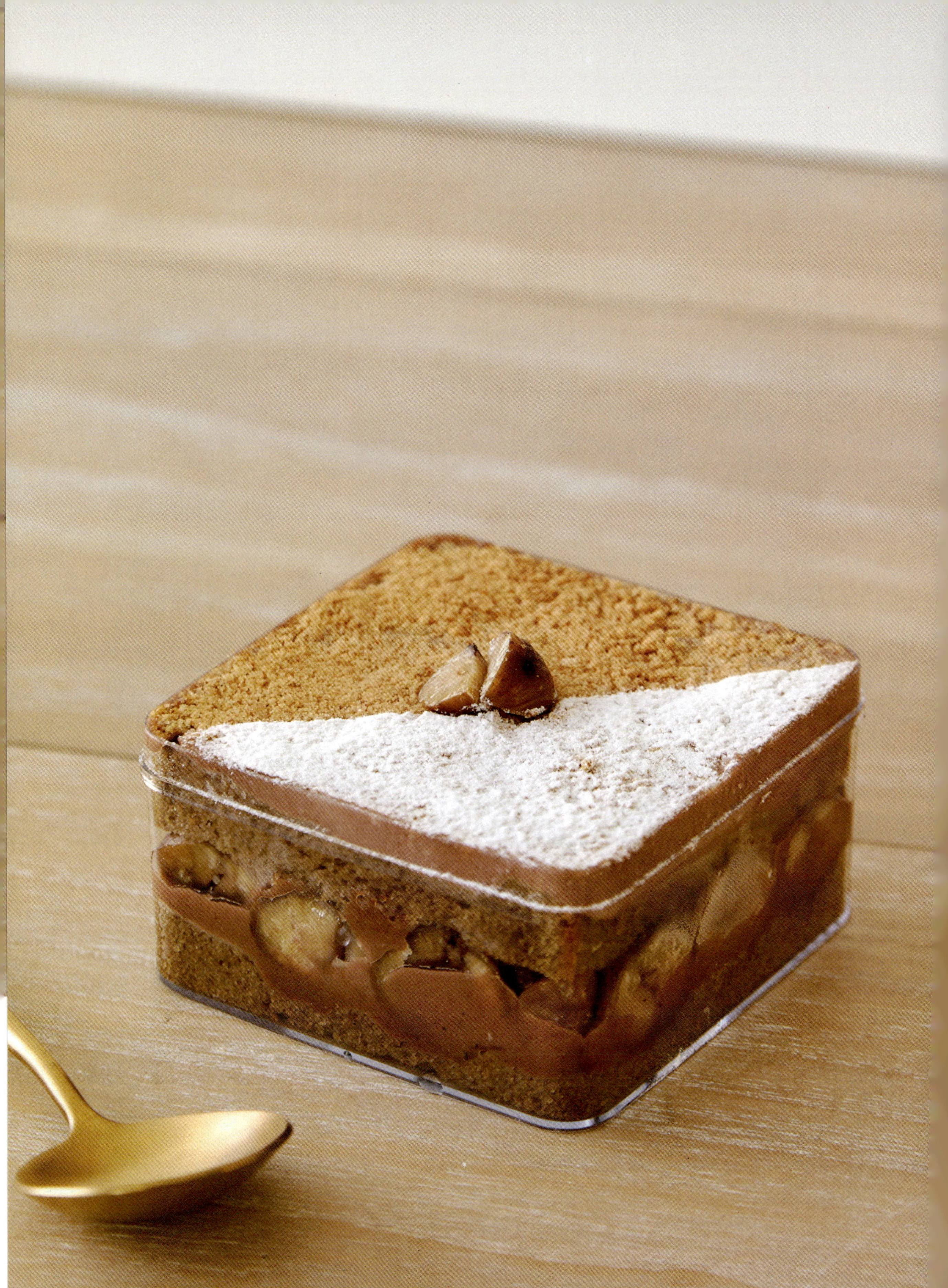

Formula · 47
綠茶栗子旦糕盒

份量 1 個

📖 第六封信

平凡，也不平凡

時至白露，除了秋意漸濃，一年的辛勤耕耘過去，也是領受豐收的時節。古有云不時不食，待到秋風起，除了蟹腳癢，還能嗅到栗飄香。一嚼清水一嚥香，天微涼，見栗子在秋陽下滾動，暖烘烘曬著太陽，身體也暖了起來。

而談到栗子，日本和法國對栗子也有相當的喜愛。以日本為例，最早從繩文時代就有栗子的記載，日文俗諺中更有「桃栗三年、柿八年」的說法。就為人所熟知的栗子饅頭、栗子羊羹可以看到日本人對栗子的珍賞。再說到法國，法式甜點中栗子是不可或缺的重要角色之一，除了起源於此的糖漬栗子和蒙布朗外，這道栗子蛋糕盒更是必學的一道甜點喔！栗子的溫暖是國界無法定義的，雖然它是平凡而常見的食材，但只要我們願意相信它是美好的，它就被賦予了不凡的意義。

旦糕體

高筋麵粉	152 g	無味椰子油	48 g
綠茶粉	3 g	三溫糖	96 g
無鋁泡打粉	8 g	薏仁粉	32 g
無糖豆漿	168 g	鹽巴	1 g
玄米油	45 g		

栗子餡

無糖栗子泥	160 g
糖粉	30 g
椰奶	18 g
玄米油	15 g

栗子鮮乃油

| 栗子餡 | 50 g |
| 米穀鮮乃油 | 100 g |

餅乾

| 消化餅乾 | 30 g |

蛋糕體

01. 綠茶粉與玄米油攪拌均勻。【圖1】
02. 再與三溫糖、無糖豆漿攪拌均勻。【圖2～圖3】
03. 再加入所有過篩後的粉類，攪拌成麵糊。【圖4～圖5】
04. 放入模具中，輕敲。【圖6】
05. 180°C/150°C，烤焙35分鐘，出爐冷卻，切成1公分厚片，備用。【圖7～圖9】

栗子餡

06. 所有材料攪拌均勻。【圖10～圖12】
07. 過篩使栗子餡更細緻，備用。【圖13】

| 栗子鮮乃油

08. 米穀鮮乃油製作完成後放涼。【圖 14】
    POINT 米穀鮮乃油作法請參考達克瓦茲 P.43 —伯爵鮮乃油。
09. 再拌入栗子餡，備用。【圖 15~ 圖 16】

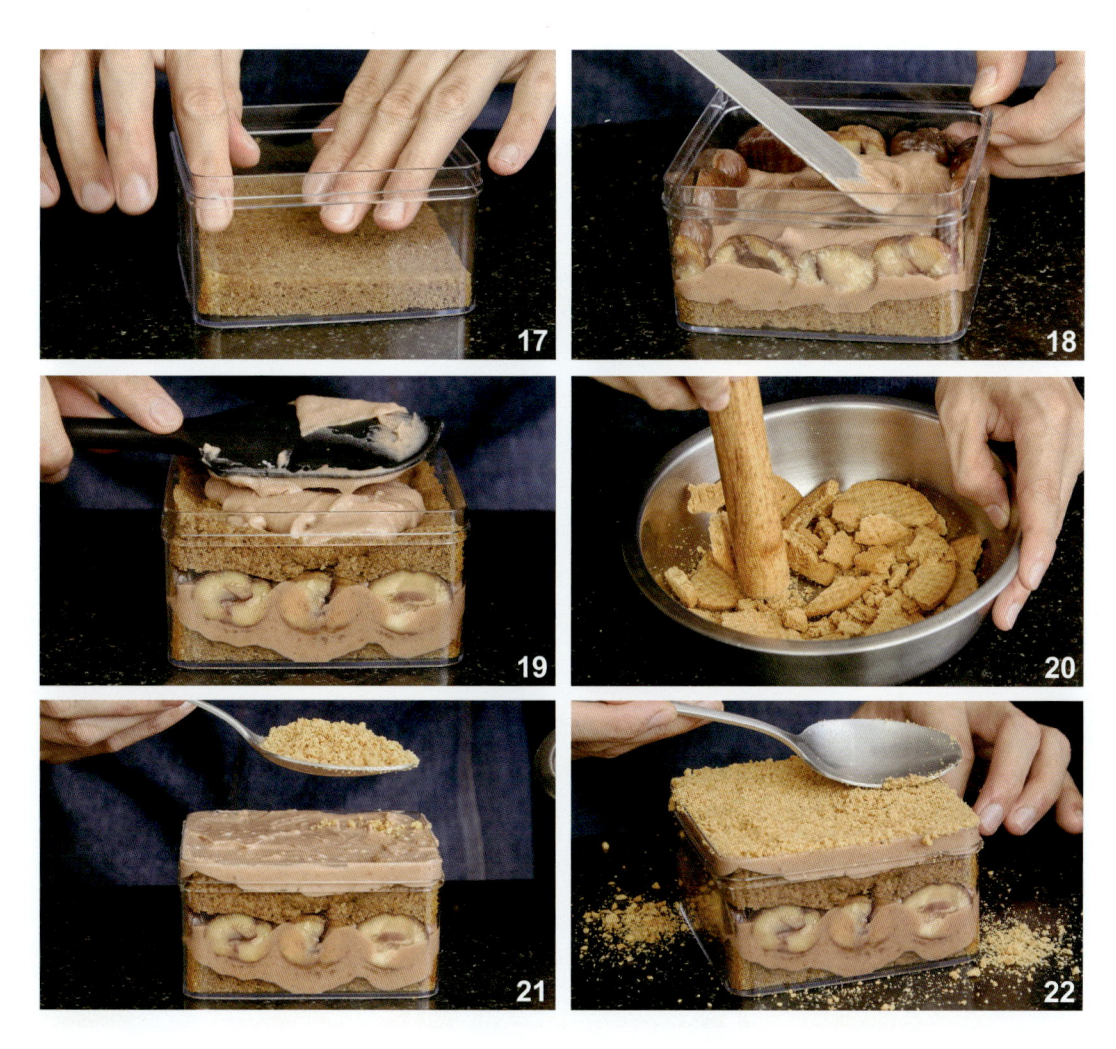

| 組合

10. 底部先鋪上一層旦糕，擠上一層栗子鮮奶油，重複兩次。【圖 17~ 圖 19】
11. 表面再鋪上栗子鮮乃油，灑上打碎消化餅乾裝飾。【圖 20~ 圖 22】

Formula · 48

玄米茶曲奇餅乾

份量 15 片

材料

玄米油 90 g	玄米茶粉 8 g	玉米澱粉 30 g
中筋麵粉 90 g	糖粉 28 g	無糖豆漿 26 g
低筋麵粉 30 g	楓糖漿 50 g	

作法

01. 玄米油與玄米茶粉攪拌均勻。【圖 1～圖 3】
02. 再加入糖粉、楓糖漿、無糖豆漿攪拌至乳化。【圖 4～圖 6】
03. 再加入所有過篩後的粉類拌勻。【圖 7～圖 9】
04. 用花嘴擠注成型。【圖 10～圖 11】
05. 上下火 180°C/150°C，烤焙 15 分鐘。【圖 12】

Formula · 49
黃烏龍茶香小福餅
份量 15 片

材料

低筋麵粉	130 g	黃烏龍茶粉	4 g	細砂糖	70 g
玉米澱粉	20 g	芒果乾	20 g	素食旦白粉	8 g
無鋁泡打粉	2 g	玄米油	25 g	水	64 g

一、作法

01. 素食旦白粉跟水混合成素食旦白液，備用。【圖1】
02. 素食旦白液與細砂糖打至綿密細泡。【圖2】
03. 加入玄米油拌勻。【圖3～圖4】
04. 再將所有粉類過篩後，與素食旦白霜拌勻，加入芒果乾。【圖5～圖6】
05. 靜置10分鐘。【圖7】
06. 將麵糊倒入擠花袋中，用花嘴擠注成形，點上黑芝麻。【圖8～圖10】
07. 180°C/150°C，烤焙20分鐘。【圖11】

Formula · 50
胡椒茶香鹹餅
份量 12 片

麵糰

義式香料	少許	細砂糖	10 g
泡打粉	2 g	杏仁粉	40 g
胡椒粉	2.5 g	無糖豆漿	50 g
鹽	4 g	玄米油	60 g
綠茶粉	6 g	低筋麵粉	200 g

麵粉水

低筋麵粉	3 g
水	10 g

裝飾

白芝麻

一、作法

01. 綠茶粉加玄米油拌勻備用；白芝麻上下火 150/150°C 烤 15 分鐘備用。【圖 1】
02. 泡打粉、低筋麵粉過篩後，加入杏仁粉、義式香料、胡椒粉。
03. 將綠茶油加入無糖豆漿、細砂糖、鹽拌勻，並加入過篩後粉類材料混勻成糰即可放入塑膠袋鬆弛 20 分鐘。【圖 2~圖 5】
POINT 豆漿可依麵糰軟硬度適量進行增減。
04. 3 公克低筋麵粉與水混合即麵粉水。
05. 麵糰取出放入 2 斤袋擀成方形，厚度約 0.3 公分，放入冷凍冰箱約 20 分鐘取出。【圖 6~圖 7】
06. 以造型模具壓出圖案，表面塗上麵粉水後沾上白芝麻點綴，以上下火 200°C/180°C 烘烤 12-15 分鐘即可。【圖 8~圖 11】

Formula · 51

紅茶雪Q餅

份量 12 顆

糖漿

海藻糖	30 g
細砂糖	20 g
水麥芽	140 g
水	10 g

旦白霜

素食旦白粉	6 g
水	48 g
細砂糖	35 g
熟無糖豆漿粉	63 g

餅乾體

紅茶粉	4 g
奇福餅乾	72 g
蔓越莓乾	26 g
杏仁條	36 g

作法

01. 將素食旦白粉與水混合成素食旦白液。【圖1～圖2】
02. 用攪拌機打至綿密細泡,再加入細砂糖拌勻。【圖3～圖4】
03. 同時,將糖漿的材料煮至約135°C。【圖5】
04. 慢慢倒入打發泡的旦白霜中,攪拌均勻。【圖6】
05. 將其餘所有材料攪拌均勻,將發泡旦白霜趁熱倒入。【圖7～圖9】
06. 倒入烤盤中,壓平。【圖10】
07. 冷卻後切割成2×2公分的方塊。【圖11】
08. 表面可再灑上熟無糖豆漿粉防沾黏。

Formula · 53

紅茶半月燒

份量6個

旦糕體

樹薯粉	5 g	無糖豆漿	110 g	低筋麵粉	40 g
冷水	20 g	玄米油	60 g	高筋麵粉	40 g
楓糖	10 g	泡打粉	2 g	杏仁粉	15 g
細砂糖	30 g	紅茶粉	5 g		

內餡

芋頭餡　150 g

作法

01. 樹薯粉加冷水小火煮至糊化；紅茶粉加玄米油拌勻備用。【圖1~圖3】
    POINT 糊化過程要持續進行攪拌。

02. 泡打粉、低筋麵粉、高筋麵粉過篩加杏仁粉混合均勻，備用。【圖4】

03. 【步驟1】加入細砂糖、楓糖、豆漿、紅茶油攪拌均勻，接著拌入過篩後的粉類材料混合拌勻，放置冷藏冰箱鬆弛1小時。【圖5~圖6】
    POINT 麵糊進行過篩，使其更細緻。

04. 取不沾鍋，塗抹少量玄米油後，倒入鍋裡呈長橢圓狀，以小火慢煎至表面中心冒小氣泡後翻面，持續煎至上色即可。【圖7~圖10】

05. 放涼後，夾入芋頭餡即完成。【圖11~圖12】

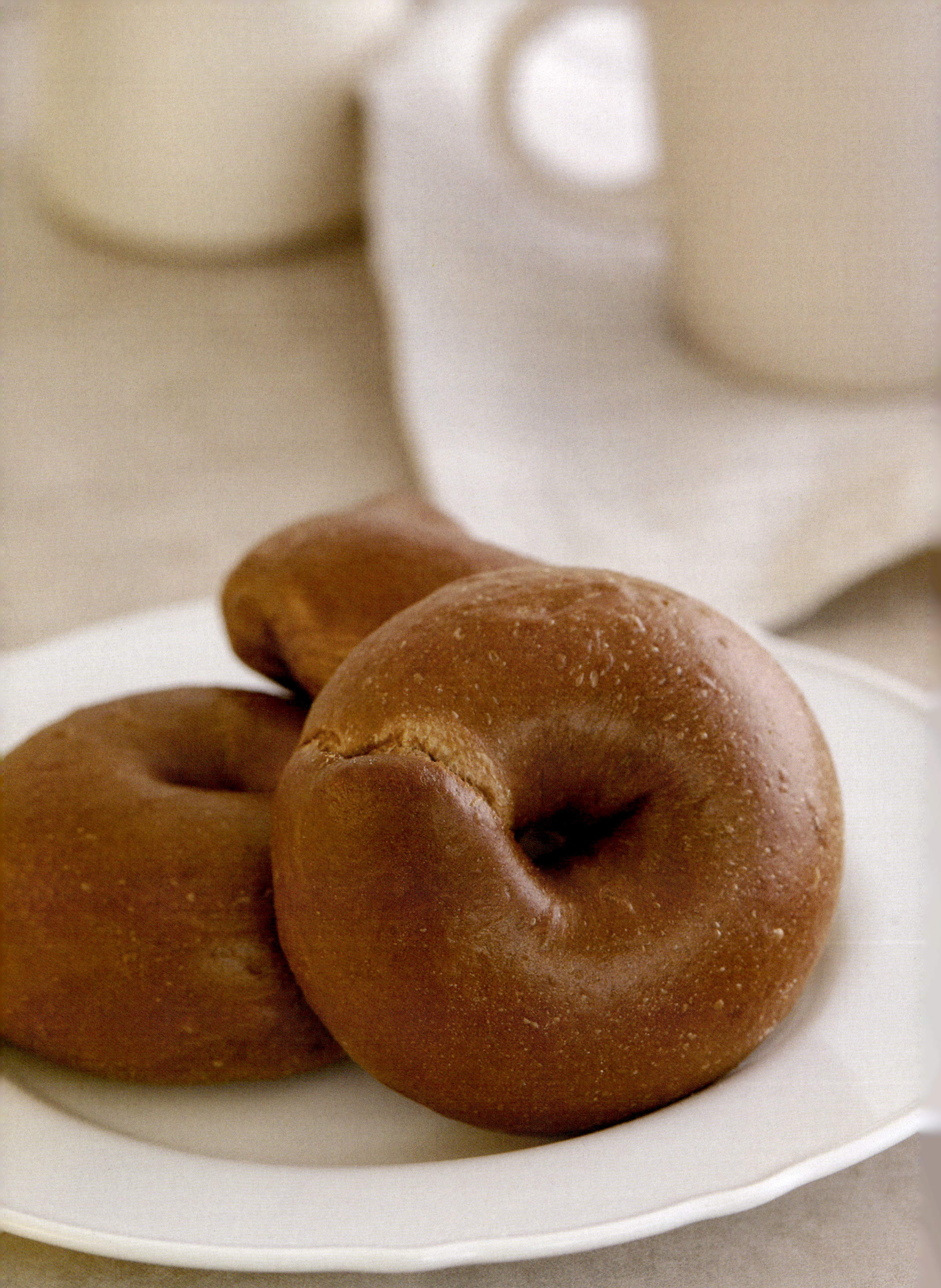

Formula · 54
烏龍茶葡萄貝果

🍴 份量 5 顆 🍴

📖 **第七封信**

征戰的年代

　　貝果最早起源自猶太民族，隱藏著一段顛沛的遷移史。二戰期間，猶太人為了逃避納粹的屠殺而大量遷移至美國，其中又以紐約一帶的人口最多。當時在猶太人家中常備一種富嚼勁的麵包，這種麵包時常包裹著豐盛食材，這就是貝果在紐約的初登場。

　　再說到猶太人，猶太人的保守與傳統是為人所知。當時的猶太人為恪遵貝果的配方和製作傳統。便以紐約為根據地成立製作貝果的公會，嚴格管制貝果在製作上銷售的穩定，並採父子世襲制度，紐約裡的每個貝果都是出自貝果工會。

　　1960 年後因著烘焙工業成熟，公會壟斷也被打破，貝果開始傳遍全美。過後更因為健康飲食的觀念成為主流。純素的世界變化萬千，揉合細緻美麗的甜點。讚美我們活在沒有征戰且可以時時吃到美味貝果的年代。當今貝果已不是任何民族的專利，正如愛與幸福，不再因著戰爭而流離，是所有人都可以享受的。

麵糰

酵母	3 g
鹽	5 g
紅烏龍茶粉	10 g
黑糖	85 g
水	165 g
高筋麵粉	300 g
玄米油	15 g

內餡

葡萄乾	100 g

糖水

水	1000 g
細砂糖	60 g
麥芽精	5 g

CHAPTER·4
異國篇

甜脆鹹香，周遊列國芬芳

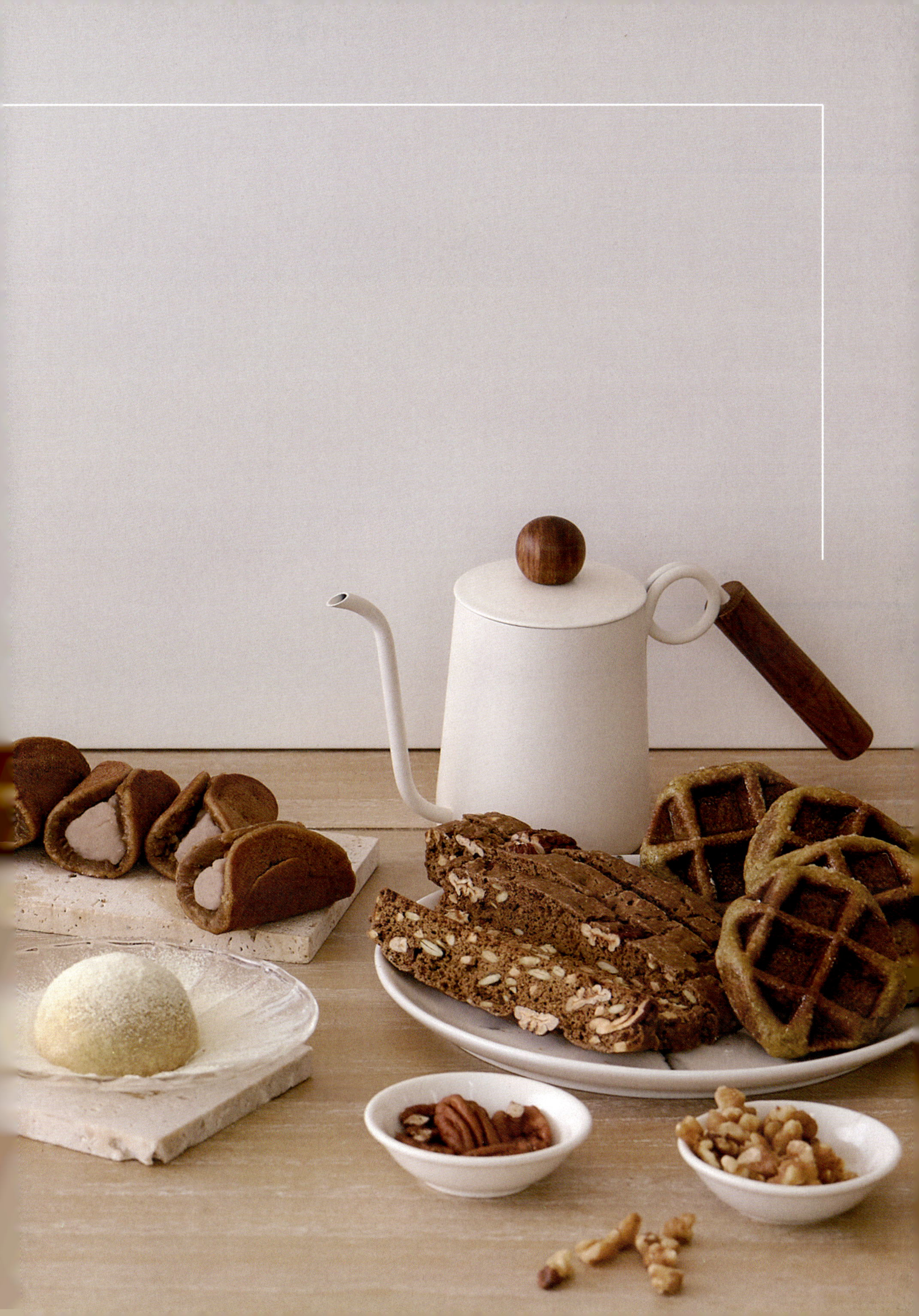

Formula · 55
日式抹茶糰子

份量 6 組

抹茶糰子

糯米粉	60 g	抹茶粉	2 g
嫩豆腐	75 g	細砂糖	15 g

日式醬油

水	60 g	細砂糖	35 g
醬油	15 g	馬鈴薯澱粉	8 g

日式醬油

01. 將所有材料拌勻,煮至濃稠,冷卻即可使用。【圖1～圖2】

抹茶糰子

02. 糯米粉、抹茶粉、細砂糖先攪拌均勻。【圖3】
03. 再加入嫩豆腐揉製成長條麵糰。【圖4～圖7】
04. 分割一個8公克。【圖8】
05. 取一鍋滾水,即可放入麵糰。【圖9】
06. 煮至糰子漂浮起來再煮3分鐘。【圖10】
07. 撈出浸泡冷開水。【圖11】
08. 取竹籤串起糰子,再淋上日式醬油即可。【圖12～圖14】

Formula · 56
日式抹茶紅豆銅鑼燒

份量 6 個

材料

低筋麵粉	110 g	無糖豆漿粉	25 g
糯米粉	12 g	楓糖漿	17 g
糖粉	60 g	無糖豆漿	165 g
抹茶粉	5 g	紅豆粒餡	120 g
小蘇打粉	1 g		

01. 楓糖漿、抹茶粉攪拌均勻。【圖1】
02. 再加入無糖豆漿、所有過篩後的粉類，拌勻靜置1小時以上。【圖2】
03. 用平底鍋小火煎成兩面金黃色的銅鑼燒餅皮。【圖3～圖4】
    POINT 平底鍋可先用吸油面紙沾油，在平底鍋面上油。
04. 取兩片餅皮，中間放入紅豆粒餡壓實。【圖5～圖6】

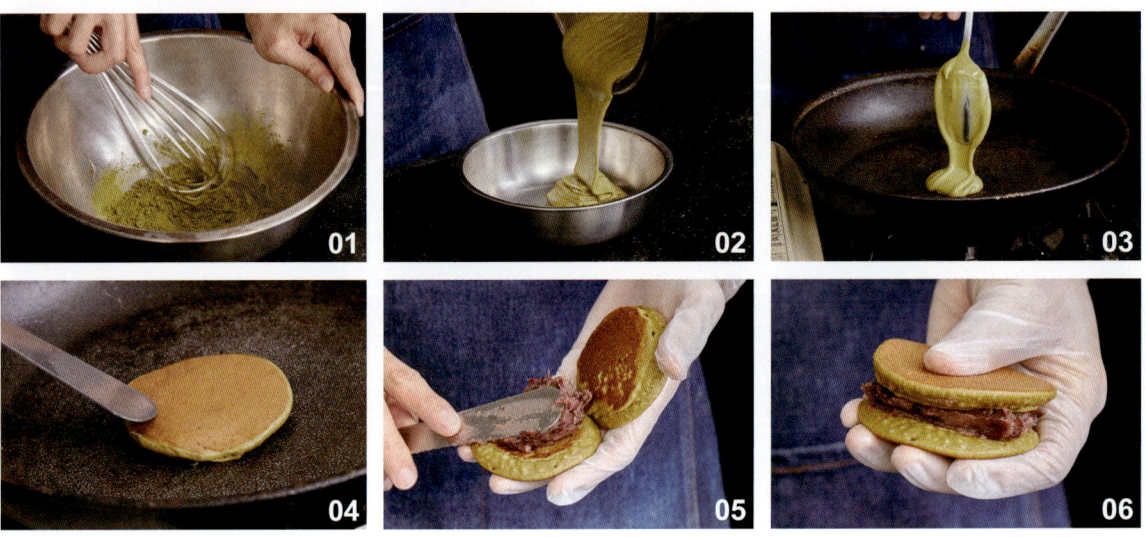

Formula · 57

美式阿薩姆軟餅乾

份量 12 個

材料

三溫糖	50 g	中筋麵粉	110 g
楓糖漿	26 g	阿薩姆茶粉	6 g
無糖豆漿	37 g	無鋁泡打粉	2 g
鹽巴	1 g	小蘇打粉	1 g
玄米油	65 g	耐烤巧克力豆	40 g

01. 玄米油與阿薩姆茶粉先攪拌均勻。【圖1】
02. 再加入楓糖漿、三溫糖，無糖豆漿、鹽巴，攪拌至無顆粒。【圖2】
03. 再加入所有過篩後的粉類拌勻。
04. 最後拌入耐烤巧克力豆，靜置 20 分鐘。【圖3】
05. 一個餅乾麵糰 25 公克，放上烤盤用掌腹壓平。【圖4～圖5】
06. 上下火 170°C/150°C，烤 20 分鐘。【圖6】

CHAPTER · 4 異國篇

Formula · 58
波蘭阿薩姆巧克巴布卡
份量一條

麵包體

高筋麵粉	250 g
鹽巴	1 g
細砂糖	50 g
速發酵母粉	4 g
無糖豆漿	150 g
無味椰子油	50 g
阿薩姆茶粉	5 g

巧克力餡

苦甜巧克力	60 g
無味椰子油	40 g
糖粉	50 g
可可粉	60 g

裝飾酥粒

椰子油	6 g
低筋麵粉	24 g
糖粉	6 g

POINT

第五步驟 完成階段

巧克力內餡

01. 將苦甜巧克力隔水融化。【圖1】
02. 再加入其餘材料拌勻,冷卻備用。【圖2~圖4】

裝飾酥粒

03. 將所有材料混和,搓成沙粒狀備用。【圖5~圖7】

麵包體

04. 除油脂外其他材料放入攪拌機中,攪拌至擴展階段。【圖8】
05. 發酵15分鐘,再加入油脂攪拌至完成階段;基本發酵50分鐘。【圖9】
06. 分割一個麵糰350公克,滾圓鬆弛15分鐘。【圖10】
07. 將麵糰桿成薄片裝,抹上內餡,整形。【圖11~圖13】
08. 放入烤模中,最後發酵40分鐘。【圖14】
09. 烤焙前表面刷上無糖豆漿,撒上裝飾酥粒。【圖15】
10. 上下火150°C/220°C,烤焙30分鐘。

Formula · 59
義大利鐵觀音堅果脆餅
份量 12 片

材料

高筋麵粉	42 g	鐵觀音茶粉	4 g	赤砂糖	35 g	胡桃	30 g
低筋麵粉	65 g	無味椰子油	15 g	無糖豆漿	42 g	南瓜子	30 g
無鋁泡打粉	4 g	細砂糖	25 g	杏仁條	30 g		

作法

01. 無味椰子油、鐵觀音茶粉攪拌均勻。【圖 1】
02. 再加入無糖豆漿、細砂糖、赤砂糖，攪拌至乳化。【圖 2】
03. 再加入所有過篩後的粉類與堅果。【圖 3～圖 5】
04. 整形成枕頭狀。【圖 6】
05. 先進行第一次烤焙，180°C/170°C，烤焙 30 分鐘，出爐放涼。【圖 7】
06. 再切割成每片 1 公分的厚度。【圖 8～圖 9】
07. 進行第二次烤焙，上下火 170°C/170°C，烤焙 20 分鐘。【圖 10】

Formula · 60
法式烤布蕾
份量 3 個

布蕾液

素食吉利丁粉	10 g	無糖豆漿	250 g
細砂糖	60 g	無糖豆漿	50 g
紅茶粉	4 g	椰漿	540 g

裝飾

細砂糖　適量

| 布蕾液

01. 取小鋼盆倒入紅茶粉，加入 50 公克無糖豆漿先調勻，再加入 250 公克無糖豆漿、椰漿拌勻後，煮至滾沸。【圖1～圖2】
02. 將細砂糖、素食吉利丁粉拌勻，倒入【步驟1】中煮滾。【圖3～圖4】
03. 取容器將布蕾液填入容器中，待涼後放入冷藏冰箱冰1小時。【圖5～圖6】

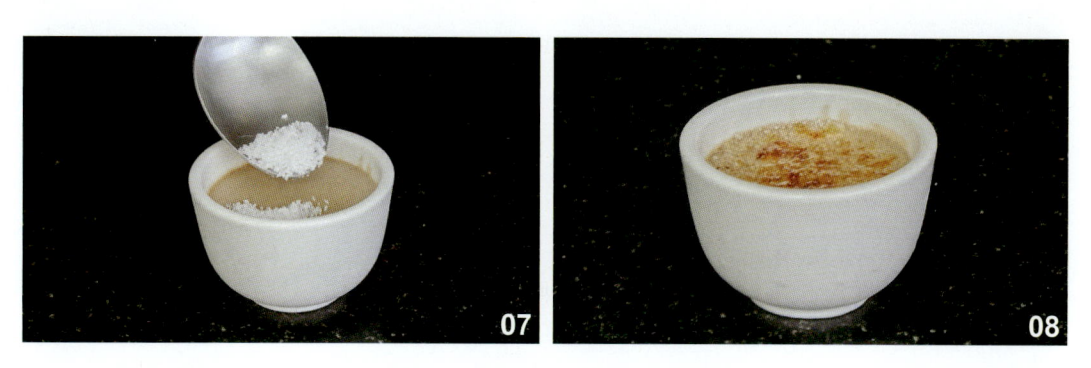

| 裝飾

04. 將細砂糖鋪上冷卻的布蕾上，用噴槍炙燒成焦糖色即可完成。【圖7～圖8】

Formula · 61
法式紅茶千層旦糕
份量 1 顆

旦糕麵糊

無糖豆漿	350 g	米穀粉	110 g
三溫糖	43 g	紅茶粉	4 g
低筋麵粉	33 g	玄米油	21 g

紅茶鮮乃油

米穀粉	30 g	細砂糖	40 g
水	80 g	寒天粉	4 g
無糖豆漿	200 g	紅茶粉	5 g
無味椰子油	60 g		

旦糕麵糊

01. 紅茶粉與玄米油先攪拌均勻。【圖1】
02. 再加入其他剩餘的材料攪拌均勻。【圖2~圖3】
03. 過篩1次，使麵糊細緻，靜置30分鐘。【圖4】
04. 旦糕麵糊用平底鍋煎成麵皮，攤開冷卻。【圖5~圖6】

紅茶鮮乃油

05. 細砂糖與寒天粉混和均勻備用。
06. 米穀粉與水煮至糊化。【圖7】
07. 再加入其他剩餘材料與步驟5拌勻。【圖8】
08. 用中小火煮至沸騰，冷卻備用。【圖9~圖10】

組合

09. 將麵皮與紅茶鮮乃油，交錯堆疊。完成後取刀子沿四周切割修整即完成。中間可夾自己喜愛的水果。【圖11~圖12】

Formula · 62
焦糖紅茶旦糕

份量 10 顆

旦糕體

紅茶粉	6 g	小蘇打粉	1 g
玄米油	75 g	泡打粉	8 g
細砂糖	64 g	中筋麵粉	90 g
無糖豆漿	110 g	亞麻籽粉	20 g
樹薯粉	10 g	杏仁粉	50 g
無糖豆漿	75 g		

焦糖醬

水	15 g
細砂糖	40 g
椰子油	15 g
椰漿	50 g
素食吉利丁粉	1 g

旦糕體

01. 模具噴上烤盤油或刷油撒粉備用，紅茶粉加玄米油拌勻備用。【圖1】
02. 細砂糖煮焦化加110公克的無糖豆漿拌勻加油拌勻。【圖2】
03. 接著樹薯粉加75公克的無糖豆漿小火加熱至糊化備用。【圖3】
04. 小蘇打粉、泡打粉、中筋麵粉過篩，加杏仁粉、亞麻籽粉混合均勻備用。
05. 將紅茶油與【步驟2、3、4】拌勻，靜置20分鐘。【圖4～圖5】
06. 取擠花袋填入麵糊，擠入模型中約8分滿，放入烤箱上下火200°C/190°C，烤20~22分鐘出爐輕敲一下，待冷卻後脫模。【圖6～圖8】

焦糖醬與組合

07. 細砂糖加水煮至焦化，加椰漿及椰子油拌勻後加熱，最後加入素食吉利丁粉拌勻即可。【圖9～圖11】
08. 在旦糕中間凹槽填入焦糖醬待冷卻即完成。【圖12】

CHAPTER · 4 — 異國篇

Formula · 64
西班牙紅烏龍乳酪旦糕
份量 8 個

旦糕體

無糖豆漿 220 g	玉米澱粉 12 g	鹽巴 1 g
椰奶 120 g	低筋麵粉 25 g	白味噌 8 g
三溫糖 70 g	紅烏龍茶粉 6 g	無味椰子油 60 g

裝飾物

細砂糖 適量

一、作法

01. 將椰奶、無味椰子油攪拌均勻。【圖1】
02. 將三溫糖、鹽巴、所有過篩後的粉類攪拌均勻。【圖2】
03. 將無糖豆漿與白味噌攪拌拌勻。【圖3】
04. 將以上材料攪拌在一起後,加熱至濃稠。【圖4~圖5】
05. 再使用均質機攪拌至細緻。【圖6~圖7】
06. 倒入模具中,冷卻。【圖8】
07. 冷卻後,表面灑上細砂糖,炙燒即可享用。【圖9~圖11】

Formula · 65

西班牙焙茶油條

份量 10 條

麵糊

細砂糖	8 g	無糖豆漿	72 g
鹽巴	1 g	大豆卵磷脂	3 g
水	118 g	焙茶粉	6 g
玄米油	22 g	高筋麵粉	42 g

低筋麵粉 22 g
玉米澱粉 12 g

焙茶糖

焙茶粉 3 g
細砂糖 60 g

作法

焙茶糖

01. 將所有材料拌勻即可。

麵糰

02. 細砂糖、鹽巴、水、玄米油混合煮至沸騰。【圖1】
03. 在立刻加入所有過篩的粉類，進行糊化。【圖2~圖3】
04. 稍微冷卻後加入大豆卵磷脂及分次倒入無糖豆漿至成麵糊狀。【圖4】
05. 放入擠花袋，用花嘴擠成型。【圖5~圖6】
06. 放入油鍋中，油炸至金黃色。【圖7~圖8】
07. 趁熱裹上焙茶糖。【圖9~圖10】

Formula · 66
清烏龍麻花捲

份量 10 顆

麵糰

酵母	6 g	椰子油	50 g	無糖豆漿	100 g
水	50 g	鹽	3 g	高筋麵粉	300 g
清烏龍茶粉	5 g	細砂糖	25 g		

裝飾

細砂糖　200 g

麵糰製作

01. 酵母加水拌勻備用；清烏龍茶粉加椰子油拌勻備用；高筋麵粉過篩備用。
02. 烏龍茶油加細砂糖、鹽、豆漿、高筋麵粉、加酵母水打至產生擴展階段，進入基本發酵 40 分鐘。【圖 1～圖 3】

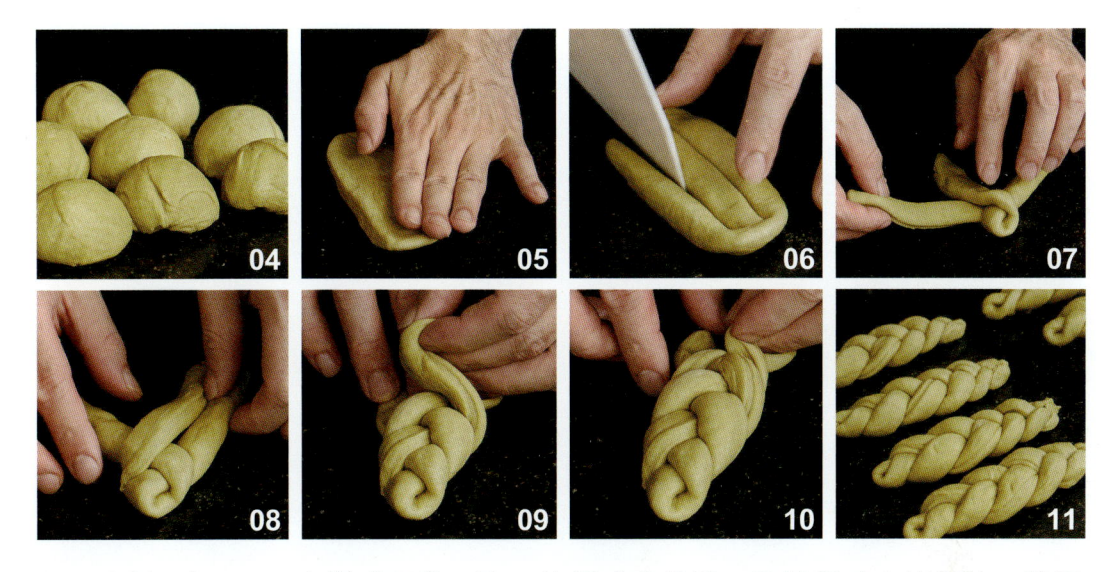

編織

03. 分割 1 個 60 公克搓成長條，取 3 條編成麻花狀，取烤盤噴上烤盤油，將麵糰平均放置後，進入最後發酵 40 分鐘。【圖 4～圖 11】

油炸

04. 準備油鍋，油溫約 170°C，一面炸上色後翻面，炸至兩面均勻熟透，夾起趁熱沾上細砂糖即可完成。【圖 12～圖 13】
05. 炸好的麻花捲趁熱裹上細砂糖即完成。【圖 14】

Formula · 67
茶香蕨餅

份量 10 顆

主材料

寒天粉	4 g	椰漿	200 g
焙茶粉	5 g	無糖豆漿	250 g
玉米粉	14 g	無糖豆漿	50 g
細砂糖	50 g		

裝飾

熟黑豆粉　適量

一、作法

01. 取小鋼盆倒入焙茶粉,加入 50 公克無糖豆漿先調勻,再加入 250 公克無糖豆漿、椰漿拌勻後,煮至滾沸。【圖1~圖4】
POINT 加熱過程要持續攪拌。

02. 將細砂糖、寒天粉、玉米粉拌勻,倒入【步驟1】中煮滾。【圖5】
POINT 加熱過程要持續攪拌。

03. 取平盤表面噴上少許烤盤油,將麵糊倒入後鋪平,待涼後放入冷藏冰箱冰1小時。 **POINT** 不可冰冷凍。

04. 將成品取出脫模表面撒上熟黑豆粉即可完成。【圖6~圖11】

Formula · 68
比利時四季春鬆餅
份量 8 個

麵糰

高筋麵粉	200 g	鹽巴	1 g
四季春茶粉	10 g	無糖豆漿	120 g
速發酵母粉	2 g	玄米油	60 g
細砂糖	25 g		

裝飾

細砂糖

一、作法

01. 除了油脂外,將所有材料攪拌成糰。【圖1~圖3】
02. 再加入玄米油攪拌至麵糰光滑。【圖4】
03. 將麵糰分割成一個40公克。【圖5~圖6】
04. 表面沾上細砂糖。
05. 用鬆餅機壓成型烤焙。【圖7~圖10】

Formula · 69
澳門杏仁茶餅
份量 10 顆

材料

樹薯粉	2 g	玄米油	50 g	低筋麵粉	80 g
冷水	10 g	烏龍茶粉	2 g	杏仁粉	10 g
鹽	0.5 g	泡打粉	2 g	杏仁茶粉	20 g
無糖豆漿	15 g	糖粉	20 g	杏仁粒	60 g

作法

01. 樹薯粉加冷水加熱糊化。【圖1～圖2】
02. 烏龍茶粉加玄米油拌勻。【圖3】
03. 將【步驟1】加入烏龍茶油、鹽、豆漿糊拌勻。【圖4～圖5】
04. 泡打粉、糖粉、低筋麵粉過篩加杏仁粉、杏仁茶粉攪拌均勻加入【步驟3】揉成糰,放入塑膠袋鬆弛20分鐘。【圖6～圖7】
05. 取麵糰一個分割成15公克,壓入模型後扣出,中間放一粒杏仁粒點綴,平均放置防沾烤盤中,以上下火190°C/150°C,烘烤12～15分鐘即完成。【圖8～圖12】

甜點的純素新視界

全面使用
植物性原料

效果如同市售
一般吉利丁

第三方機構檢驗
取得清真認證

THE SLIME 素食吉利丁

CHEF ART

數位學習專業平台

上優好書網 會員招募

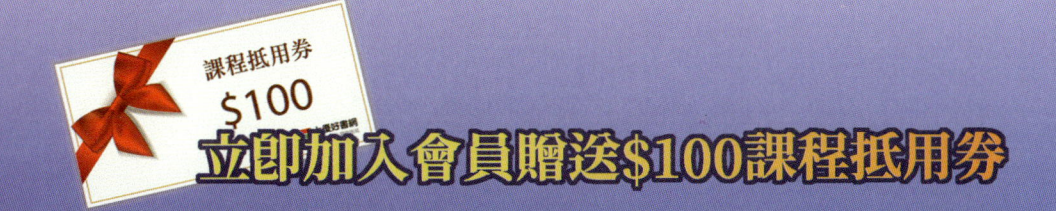

立即加入會員贈送$100課程抵用券

課程抵用券 $100

2024 最新強打課程

營業版！小資創業 滷出百萬商機
4道秒殺系滷味，獨門創業秘方教給你！
李鴻榮 老師
定價$4980
早鳥$2988 / 晚鳥$3980
授課老師：李鴻榮

圍爐年菜輕鬆做 海陸龍歡喜
中華國際五洲交流協會
理事長 鄭至耀
副理事長 陳金民
授課老師：鄭至耀、陳金民

邊境法式點心坊 法式千層甜點學堂
新手、老手的必學招式
JASON主廚的私房甜點課
授課老師：賴慶陽 Jason

老師傅的滬菜家宴
5道上海料理輕鬆端上桌
循循教誨 金牌主廚 戴德和
授課老師：戴德和

創新台灣港食
糖伯虎/蘇俊豪主廚
傳統粵式 × 道地嘉味
授課老師：蘇俊豪

節慶經典 宴席料理
國宴主廚 鍾坤賜
西餐主廚 周景堯Andy
授課老師：鍾坤賜、周景堯

上優好書網
線上教學｜購物商城

加入會員
開課資訊

LINE客服

全素茶點の幸福配方

烘焙生活 55

國家圖書館出版品預行編目(CIP)資料

全素茶點的幸福配方 / 吳仕文,楊健生,游正福著.--一版.--新北市：上優文化事業有限公司，2024.11
176 面 ;19x26 公分.--(烘焙生活 ;55)
ISBN 978-626-98932-2-5(平裝)
1.CST: 點心食譜
427.16　　　　　　　　　　　　　　113013737

作　　者	吳仕文、楊健生、游正福
總 編 輯	薛永年
美術總監	馬慧琪
文字編輯	賴甬亨
美　　編	陳亭如
攝　　影	張馬克
業務副總	林啟瑞
協力製作	劉婉甯

出 版 者	上優文化事業有限公司
地　　址	新北市新莊區化成路 293 巷 32 號
電　　話	02-8521-3848
傳　　真	02-8521-6206

總 經 銷	紅螞蟻圖書有限公司
地　　址	台北市內湖區舊宗路二段 121 巷 19 號
電　　話	02-2795-3656
傳　　真	02-2795-4100
E m a i l	8521book@gmail.com
	（如有任何疑問請聯絡此信箱洽詢）

網路書店	www.books.com.tw 博客來網路書店
出版日期	2024 年 11 月
版　　次	一版一刷
定　　價	420 元

上優好書網　FB 粉絲專頁　LINE 官方帳號　Youtube 頻道

Printed in Taiwan
書若有破損缺頁，請寄回本公司更換
本書版權歸上優文化事業有限公司所有　翻印必究

（黏貼處）

全素茶點の幸福配方

讀者回函

❤ 為了以更好的面貌再次與您相遇，期盼您說出真實的想法，給我們寶貴意見 ❤

寄回讀者回函，索取隱藏版電子食譜！！

姓名：	性別：□ 男 □ 女	年齡：　　　　歲
聯絡電話：（日）　　　　　　　　　　　（夜）		
Email（必填）：		
通訊地址：□□□-□□		
學歷：□ 國中以下　□ 高中　□ 專科　□ 大學　□ 研究所　□ 研究所以上		
職稱：□ 學生　□ 家庭主婦　□ 職員　□ 中高階主管　□ 經營者　□ 其他：		

- 購買本書的原因是？
  □ 興趣使然　□ 工作需求　□ 排版設計很棒　□ 主題吸引　□ 喜歡作者　□ 喜歡出版社
  □ 活動折扣　□ 親友推薦　□ 送禮　□ 其他：＿＿＿＿＿＿＿＿＿＿

- 就食譜叢書來說，您喜歡什麼樣的主題呢？
  □ 中餐烹調　□ 西餐烹調　□ 日韓料理　□ 異國料理　□ 中式點心　□ 西式點心　□ 麵包
  □ 健康飲食　□ 甜點裝飾技巧　□ 冰品　□ 咖啡　□ 茶　□ 創業資訊　□ 其他：＿＿＿＿

- 就食譜叢書來說，您比較在意什麼？
  □ 健康趨勢　□ 好不好吃　□ 作法簡單　□ 取材方便　□ 原理解析　□ 其他：＿＿＿＿

- 會吸引你購買食譜書的原因有？
  □ 作者　□ 出版社　□ 實用性高　□ 口碑推薦　□ 排版設計精美　□ 其他：＿＿＿＿

- 跟我們說說話吧～想說什麼都可以哦！

寄件人 地址：□□□-□□
姓名：

郵票
正貼

24253 新北市新莊區化成路 293 巷 32 號

上優文化事業有限公司　收

全素茶點の
幸福配方

讀者回函

（請沿此虛線對折寄回）

全素茶點の
幸福配方

吳仕文、楊健生、游正福 / 著

上優文化事業有限公司
電話：(02)8521-3848
傳真：(02)8521-6206
信箱：8521book＠gmail.com
網站：www.8521book.com.tw

上優好書網　　FB 粉絲專頁　　LINE 官方帳號　　Youtube 頻道